高等职业教育"十三五"规划教材

# 网页设计与制作——电子商务

主　编　杨芝子　张爱生　丁艳会
副主编　周　霞　李　卫　郑燕逵　王　琪
编　委　何　欣　魏　军　刘花丽

电子工业出版社
Publishing House of Electronics Industry
北京·BEIJING

## 内 容 简 介

本书从零基础出发,在认识电商网页图像制作及其制作工具 Photoshop 基本操作的基础上,熟悉网页图像文字的一般制作方法,并重点分章节介绍网页图像制作中的抠图、修图、调色、合成和特效等操作。每项任务操作的学习都是在实际工作任务的驱动下,按照教学规律和学生的认知特点展开,实现基于工作过程的"做中学、学中做"。

本书可作为普通高等教育院校、高职高专院校、高级技工学校和技师学院相关专业的正式教材,也可供网页美工爱好者学习使用。

未经许可,不得以任何方式复制或抄袭本书之部分或全部内容。
版权所有,侵权必究。

**图书在版编目(CIP)数据**

网页设计与制作:电子商务 / 杨芝子,张爱生,丁艳会主编. —北京:电子工业出版社,2017.8
ISBN 978-7-121-32046-0

Ⅰ. ①网… Ⅱ. ①杨… ②张… ③丁… Ⅲ. ①网页制作工具 Ⅳ. ①TP393.092.2

中国版本图书馆 CIP 数据核字(2017)第 146494 号

策划编辑:祁玉芹
责任编辑:鄂卫华
印　　刷:中国电影出版社印刷厂
装　　订:中国电影出版社印刷厂
出版发行:电子工业出版社
　　　　　北京市海淀区万寿路 173 信箱　邮编　100036
开　　本:787×1092　1/16　印张:16　字数:389 千字
版　　次:2017 年 8 月第 1 版
印　　次:2018 年 2 月第 2 次印刷
定　　价:39.80 元

凡所购买电子工业出版社图书有缺损问题,请向购买书店调换。若书店售缺,请与本社发行部联系,联系及邮购电话:(010)88254888,88258888。
质量投诉请发邮件至 zlts@phei.com.cn,盗版侵权举报请发邮件至 dbqq@phei.com.cn。
本书咨询联系方式:394992521@qq.com。

# 前言 | Preface

计算机网页设计与制作，伴随着电商美工这一新兴职业的发展，在电子商务行业发挥出越来越重要的作用。其工作任务范围包括美化、优化电子商务网店、处理商品图片、设计广告图、制作新产品的各种展示图片和图文描述等。可以想象一个懂得网页图像制作的电子商务人员对于电商网店是多么重要。

本书从零基础出发，在认识电商网页图像制作及其制作工具 Photoshop 基本操作的基础上，熟悉网页图像文字的一般制作方法，并重点分章节介绍网页图像制作中的抠图、修图、调色、合成和特效等操作。每项任务操作的学习都是在实际工作任务的驱动下，按照教学规律和学生的认知特点展开，实现基于工作过程的"做中学、学中做"。

本书由酒泉职业技术学院杨芝子，广州华夏职业学院张爱生，内蒙古电子信息职业技术学院丁艳会担任主编；广东阳江职业技术学院周霞，克拉玛依职业技术学院李卫，广州松田职业学院郑燕遽，江苏省扬州技师学院王琪担任副主编；江苏省扬州技师学院何欣，克拉玛依职业技术学院魏军，刘花丽参与编写完成。全书由杨芝子统稿审核。

在编写过程中，编者参阅了大量的资料，在此向各位参与编写的作者表示感谢。由于编者水平有限，书中难免存在疏漏之处，欢迎大家批评指正。衷心希望广大使用者尤其是任课教师提出宝贵的修订意见和建议，以便再版时及时加以修正。

本书可作为普通高等教育院校、高职高专院校、高级技工学校和技师学院相关专业的正式教材，也可供网页美工爱好者学习使用。

为了使本书更好地服务于授课教师的教学，我们为本书配了教学讲义，期中、末考卷答案，拓展资源，教学案例演练，素材库，教学检测，案例库，PPT 课件和课后习题、答案。请使用本书作为教材授课的教师，如果需要本书的教学软件，可到华信教育资源网 www.hxedu.com.cn 下载。如有问题，可与我们联系，联系电话：(010)69730296、13331005816。

编　者<br>
2017 年 7 月

# 目录 | Contents

## 第 1 章　认识电商网页图像制作 ·················································· 1

   1.1　数字图像的基本概念 ················································································ 2
   1.2　关于颜色的基本常识 ·············································································· 11
   1.3　关于平面构图的基本常识 ······································································ 21
   1.4　图像的视觉营销 ······················································································ 34
   1.5　本章小结 ·································································································· 40

## 第 2 章　熟悉 Photoshop 界面环境 ··············································· 41

   2.1　Photoshop 产品简介 ················································································ 42
   2.2　Photoshop CC 的安装与配置 ································································ 47
   2.3　Photoshop CC 的工作界面 ···································································· 52
   2.4　Photoshop CC 的文件基本操作 ···························································· 57
   2.5　Photoshop 的图层与选区 ······································································ 63
   2.6　本章小结 ·································································································· 74

## 第 3 章　图像的简单处理 ································································ 75

   3.1　图像的尺寸大小调整 ·············································································· 76
   3.2　图像的裁切处理 ······················································································ 80
   3.3　图像的移动与变换 ·················································································· 86
   3.4　绘制位图图像 ·························································································· 92
   3.5　绘制矢量图形 ·························································································· 99
   3.6　本章小结 ································································································ 105

## 第 4 章　文字的简单处理 ······························································ 106

   4.1　文字使用基础 ························································································ 107
   4.2　文字的字体及样式调整 ········································································ 116
   4.3　广告字的制作 ························································································ 130
   4.4　本章小结 ································································································ 136

# 第 5 章　图像处理技法——抠图 ... 137

- 5.1 简单背景图像快速抠图 ... 138
- 5.2 手工精细抠图 ... 141
- 5.3 复杂图像抠图 ... 145
- 5.4 综合抠图实例 ... 151
- 5.5 本章小结 ... 154

# 第 6 章　图像处理技法——修图 ... 155

- 6.1 修补图像画面残缺 ... 156
- 6.2 去除图像上的污点 ... 158
- 6.3 修调图像画面内容 ... 161
- 6.4 修图综合实训 ... 165
- 6.5 本章小结 ... 168

# 第 7 章　图像处理技法——调色 ... 169

- 7.1 调整图像亮度 ... 170
- 7.2 处理图像偏色 ... 176
- 7.3 让图像更鲜艳 ... 180
- 7.4 使图像更清晰 ... 184
- 7.5 图像调色综合实训 ... 189
- 7.6 本章小结 ... 196

# 第 8 章　图像处理技法——合成 ... 197

- 8.1 图像拼合处理 ... 198
- 8.2 图文合成制作 ... 206
- 8.3 图像合成综合实训 ... 212
- 8.4 本章小结 ... 220

# 第 9 章　图像处理技法——特效 ... 221

- 9.1 人像美容和美体 ... 222
- 9.2 图像艺术效果制作 ... 230
- 9.3 文字特效制作 ... 238
- 9.4 图像加边框和水印效果 ... 244
- 9.5 3D 模型制作 ... 248
- 9.6 本章小结 ... 250

# 第 1 章
# 认识电商网页图像制作

电子商务网页图像制作,伴随着电商美工这一新兴职业的发展,在电子商务行业发挥出越来越重要的作用。其工作任务范围包括了美化和优化电子商务网店、处理商品图片、设计广告图、制作新产品的各种展示图片和图文描述等。可以想象一个懂得网页图像制作的电子商务人员对于电商网店是多么重要。现在,就让我们从第一步认识了解电子商务网页图像制作开始,到熟练进行图像处理,再到有创意的视觉设计,最后成为具有先进设计理念和操作技能的电子商务实用型、技能型人才吧!

## 1.1 数字图像的基本概念

| 教学目标 | 1. 了解数字图像的主要类型；<br>2. 理解图像像素和分辨率的基本概念；<br>3. 熟悉常见图像文件的格式；<br>4. 会查看图像文件的像素、分辨率等信息，会进行显示器分辨率的调整。 |
|---|---|

 **一、任务引入**

开始电子商务网页图像制作具体操作之前，需要对网页图像的性质和特点进行一定的了解，这样才有利于我们下一步的学习。

 **二、任务分析**

电子商务网页图像是一种数字图像。对于数字图像，我们需要了解数字图像的主要类型，数字图像的像素和分辨率的含义与作用，以及常见的数字图像文件的格式。这样，我们在制作电子商务网页图像，进行图像文件创建、编辑、保存和选择时就能更加合理和有效。

 **三、相关知识**

1. 数字图像的主要类型

数字图像是由模拟图像数字化得到的，用计算机或数字电路存储和处理的图像。而计算机一般采用以下两种方式存储或处理图像：

（1）点阵图（Bitmap），即位图存储模式，是通过许多像素点表示一幅图像，每个像素具有颜色属性和位置属性（如图 1-1-1 所示）。

图 1-1-1　点阵图样例

（2）矢量图（Vector），也称矢量存储模式，是根据几何特性用直线和曲线来描述图形，即由线条和填充颜色的块面构成的，而不是图像数据的每一点（如图 1-1-2 所示）。

图 1-1-2　矢量图样例

如果将点阵图和矢量图进行比较，我们会发现以下几个方面：

（1）点阵图像是由一个一个的像素点组成，即在一定面积的图像上包含有固定数量的像素。因此，如果在屏幕上以较大的倍数放大显示图像，或以过低的分辨率打印，位图图像会出现锯齿边缘（如图 1-1-3 所示）。而矢量图是根据几何特性来绘制图形，是用线段和曲线描述图像，它与单位面积上的图像点数无关，可以将它缩放到任意大小打印和显示，都不会影响清晰度（如图 1-1-4 所示）。

图 1-1-3　点阵图放大效果对比

图 1-1-4　矢量图放大效果对比

（2）点阵图表现的色彩比较丰富，可以表现出色彩丰富的图像，可逼真表现自然界各类实物；而矢量图形色彩不丰富，无法表现逼真的实物，因此矢量图常常用来表示标识、图标、Logo 等简单直接的图像（如图 1-1-5 所示）。

图 1-1-5　点阵图与矢量图色彩效果对比

（3）由于点阵图表现的色彩比较丰富，所以颜色信息越多，图像越清晰，占用空间也相应地增大；由于矢量图表现的图像颜色比较单一，所以所占用的空间较小。

（4）通过软件，矢量图可以轻松地转化为点阵图，而点阵图转化为矢量图就需要经过复杂而庞大的数据处理，而且生成的矢量图的质量绝对不能和原来的图形比拟。

认识点阵图和矢量图的特色与差异，有助于创建、输入、输出编辑和应用数字图像。位图图像和矢量图形没有好坏之分，只是用途不同而已。因此，整合位图图像和矢量图形的优点，才是处理数字图像的最佳方式。而 Photoshop 作为一款流行的图像处理软件，在强大的点阵图处理功能的基础上，还具备相当的矢量图形处理能力，是我们今后进行图像制作的有力工具。

**2．图像的像素和分辨率**

（1）像素（Pixel）

位图图像最基本的单位是像素，它是一个小的方形颜色块，一个图像通常由许多像素组成，这些像素被排列成横行和纵列。当我们把图像放大足够的倍数，就会发现图像画面其实是由许多色彩相近的小方点所组成，这些小方点就是构成影像的最小单位"像素"（Pixel）。

因此简单说起来，像素就是图像的点的数值，由点构成线，线组成面。例如，我们说数码相机 1200 万像素（4000×3000），指的就是其拍出来的数码照片横向 4000 个像素点乘以纵向 3000 个像素点等于 1200 万个像素点。

（2）图像分辨率

图像的分辨率是指图像单位长度内像素的个数，常用单位为像素/英寸（Pixels Per Inch），也叫做 ppi，就是指每 1 英寸（1 英寸=2.54 厘米）的单位长度里一共有多少个像素点，它是衡量图像细节表现力的一个重要技术参数。

如果图像的分辨率高，其相对包含的数据越多，也能表现更丰富的细节，但也会需要耗用更多的计算机资源，更多的内存，更大的硬盘空间等；相反，假如图像的分辨率低，图像所包含的数据不够充分，图像画面就会显得相当粗糙，特别是把图像放大为一个较大尺寸观看的时候。所以在图片创建期间，我们必须根据图像最终的用途决定正确的分辨率。

这里的技巧是要首先保证图像包含足够多的数据，能满足最终输出的需要。同时也要适量，尽量少占用一些计算机的资源。如图 1-1-6、1-1-7、1-1-8、1-1-9 所示，就是一副原分辨率 120 像素/英寸的图像，将分辨率分别调整为 20 像素/英寸和 300 像素/英寸后保存，图像大小尺寸及效果情况。

图 1-1-6　原图为 120 像素/英寸，占 74.7M

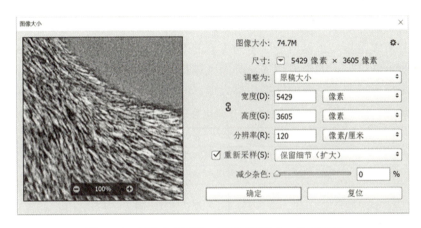

图 1-1-7　图像分辨率为 120 像素/英寸，占 74.7M

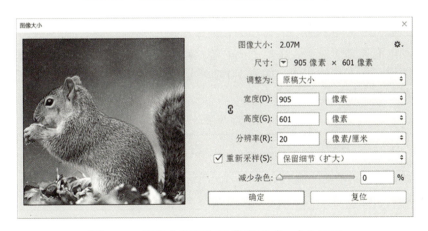

图 1-1-8　图像分辨率为 20 像素/英寸，占 2.07M

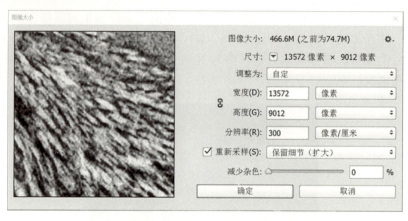

图 1-1-9　图像分辨率为 300 像素/英寸，占 466.6M

一般情况下，用于电商网页的图像，由于图像主要用于屏幕上显示并方便网络传输，其图像分辨率一般设置为 72ppi；而用于出版印刷的图像制作时，其图像分辨率一般设置为 300ppi。

（3）显示器分辨率

显示器分辨率是指显示器所能显示的像素的多少。由于屏幕上的点、线和面都是由像素组成的，显示器可显示的像素越多，画面就越精细，屏幕区域内能显示的信息也越多，所以分辨率是显示器非常重要的性能指标之一。如表 1-1-1 所示就是常见显示分辨率情况。

表 1-1-1　常见显示分辨率

| 标准屏幕 | 分辨率（像素×像素） | 宽　屏 | 分辨率（像素×像素） |
| --- | --- | --- | --- |
| VGA | 640×480 | WVGA | 800×480 |
| SVGA | 800×600 | WSVGA | 1024×600 |
| XGA | 1024×768 | WXGA | 1366×768/1280×800 |
| SXGA | 1280×1024 | WXGA+ | 1440×900 |
| SXGA+ | 1400×1050 | WSXGA+ | 1680×1050 |
| UXGA | 1600×1200 | WUXGA | 1920×1200 |
| QXGA | 2048×1536 | WQXGA | 2560×1536 |

随着移动电商的迅速发展，手机、pad 等移动设备屏幕分辨率情况也越来越受到电商网页开发和图像制作人员的注意。如表 1-1-2 所示就以 iOS 系统为例，给出了苹果移动设备的显示屏幕分辨率情况。

表 1-1-2　常见苹果移动设备显示分辨率

| 设备名称 | 长宽比 | 分辨率（像素×像素） |
| --- | --- | --- |
| iPhone 1 | 2:3 | 320×480 |
| iPhone 4、4S | 2:3 | 640×960 |
| iPhone 5 | 9:16 | 640×1136 |
| iPhone6 | 9:16 | 750×1334 |
| iPhone6 plus | 9:16 | 1080×1920 |
| iPad 1、iPad 2、iPad mini | 3:4 | 768×1024 |
| iPad 3、iPad 4、iPad mini2 | 3:4 | 1536×2048 |

## 3. 图像文件格式

图像文件格式是存储、编辑图形或者图像数据的一种数据结构。类似文本文件可以使用不同的文字处理软件（如 Word、WPS）编辑生成，也可以用同一软件根据不同的应用环境生成不同类型的文件格式。同样，图像文件也有不同的格式，而这些格式也可根据不同的应用环境、处理软件等因素有多样的选择。如表 1-1-3 所示，罗列了部分常用的位图和矢量图的文件格式。

表 1-1-3 常见图像文件格式

| 类 别 | 文件格式 | 文件扩展名 | 说 明 |
|---|---|---|---|
| 点阵图 | BMP | bmp、dib、rle | Windows 以及 OS/2 用点阵位图格式 |
| 点阵图 | GIF | gif | 256 索引颜色格式 |
| 点阵图 | JPEG | jpg、jpeg | JPEG 压缩文件格式 |
| 点阵图 | PNG | png | Portable 网络传输用的图层文件格式 |
| 点阵图 | PSD | psd | Adobe Photoshop 带有图层的文件格式 |
| 点阵图 | TIFF | tif | 通用扫描图像文件格式 |
| 矢量图 | WMF | wmf | Windows 使用的剪贴画文件格式 |
| 矢量图 | CDR | cdr | CorelDraw 图形文件格式 |
| 矢量图 | AI | ai | Adobe Illustrator 图形文件格式 |
| 矢量图 | EPS | Eps | 可以用 Adobe Illustrator、Photoshop 打开 |

（1）BMP（Bitmap）格式

BMP（Windows 标准位图）是最普遍的点阵图格式之一，也是 Windows 系统下的标准格式，是将 Windows 下显示的点阵图以无损形式保存的文件，其优点是不会降低图片的质量，但文件大小比较大。

（2）GIF（Graphic Interchange Format）格式

GIF（图像交换格式）是一种压缩格式，适合用于线条图（如最多含有 256 色）的剪贴画，以及使用大块纯色的图片。该格式使用无损压缩来减少图片的大小，当用户要保存图片为 GIF 格式时，可以自行决定是否保存透明区域或者转换为纯色。同时，通过多幅图片的转换，GIF 格式还可以保存动画文件。但要注意的是，每幅 GIF 图像中最多只能支持 256 色。

（3）JPEG（Joint Photographic Experts Group）格式

JPEG（联合图片专家组图像格式）是目前图像格式中压缩率较高的格式。大多数彩色和灰度图像都使用 JPEG 格式压缩图像，压缩比很大而且支持多种压缩级别的格式。当对图像的精度要求不高而存储空间又有限时，JPEG 是一种理想的压缩方式。在 World Wide Web 和其他网上服务的 HTML 文档中，JPEG 广泛用于显示图片和其他连续色调的图像文档。

（4）PNG（Portable Network Graphic）格式

PNG 是一种较新的网络图像格式。它汲取了 GIF 和 JPG 二者的优点。其第一个特点是采用无损压缩方式来减少文件的大小，保证图像不失真，这一点与牺牲图像品质以换取高压缩率的 JPG 有所不同；第二个特点是显示速度很快，只需下载 1/64 的图像信息就可以显示出低分辨率的预览图像；第三个特点是 PNG 同样支持透明图像的制作。透明图像在制作网页图像的时候很有用。我们可以把图像背景设为透明，这样可让图像和网页背景很和谐地融合在一起。

由于 PNG 一开始便结合 GIF 及 JPG 两家之长，自 1996 年 10 月 1 日由 PNG 向国际网络联盟提出并得到推荐认可标准，大部分绘图软件和浏览器开始支持 PNG 图像，其在网络上也越来越流行。

（5） PSD（Photoshop Document）格式

这是著名的 Adobe 公司的图像处理软件 Photoshop 的专用格式。PSD 其实是 Photoshop 进行平面设计的一张"草稿图"。它里面包含有各种图层、通道、遮罩等多种设计的样稿，以便于下次打开文件时可以修改上一次的设计。在 Photoshop 所支持的各种图像格式中，PSD 的存取速度比其他格式快很多，功能也很强大。

（6） TIFF（Tag Image File Format）格式

TIFF（标记图像文件格式）用于在应用程序之间和计算机平台之间交换文件。TIFF 是一种灵活的图像格式，被所有绘画、图像编辑和页面排版应用程序支持。几乎所有的桌面扫描仪都可以生成 TIFF 图像。而且 TIFF 格式还可加入作者、版权、备注和自定义信息，存放多幅图像。

（7） WMF（Windows Metafile Format）格式

WMF 格式是 Windows 中常见的一种图元文件格式，属于矢量文件格式。它具有文件短小、图案造型化的特点。整个图形常由各个独立的组成部分拼接而成，其图形相对简单。

（8） CDR 图像格式

CDR 图像格式是著名绘图软件 Corel Draw 的专用图形文件格式。而 Corel Draw 是一款平面排版矢量绘图的软件，它可用作企业 VI 设计、宣传画册设计、书籍装帧设计等。

（9） AI（Adobe Illustrator）图像格式

AI 格式是 Adobe 公司发布的。它的优点是占用硬盘空间小，打开速度快，方便格式转换，是矢量软件 Illustrator 的专用图形文件格式。

（10） EPS（Encapsulated PostScript）文件格式

EPS 文件格式是 Encapsulated PostScript 的缩写，是跨平台的标准格式，扩展名在 PC 平台上是 eps，在苹果机 Macintosh 平台上是 epsf，主要用于矢量图像和光栅图像的存储。EPS 格式采用 PostScript 语言进行描述，并且可以保存其他一些类型信息，例如多色调曲线、Alpha 通道、分色、剪辑路径、挂网信息和色调曲线等，因此 EPS 格式常用于印刷或打印输出。Photoshop 中的多个 EPS 格式选项可以实现印刷打印的综合控制，在某些情况下甚至优于 TIFF 格式。

## 四、任务实施

1. 查看网页图像文件的格式和像素尺寸情况（本任务中，我们将以淘宝网首页图片文件为例进行说明）。

（1） 打开淘宝网（www.taobao.com）首页，选择首页中的图片文件，右键在图片上单击，在弹出的快捷菜单中选"图片另存为（V）…"（如图 1-1-10、1-1-11 所示）。然后，在弹出的对话框中，设置文件名并将图片保存到自己的计算机上（如图 1-1-12 所示）。

图 1-1-10　淘宝网首页

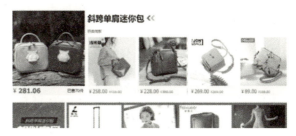
图 1-1-11　单肩包专场

图 1-1-12　设置保存图片的位置和文件名

（2）在保存好的该图片文件上单击鼠标右键，在弹出的快捷菜单中选择"属性"（如图 1-1-13 所示），随后将弹出图片"属性"对话框，对话框默认情况下先显示"常规"选项卡的内容（如图 1-1-14 所示），这里我们可以查看图像文件格式类型、图像文件占存储空间大小。

图 1-1-13　选择查看图片属性

图 1-1-14　图片属性对话框"常规"选项卡

（3）在图片"属性"对话框中单击"详细信息"标签，弹出"详细信息"选项卡，这里我们可以查看图像文件高度、宽度的尺寸情况。

2. 查看和调整显示器分辨率尺寸

由于电商网页及网页中的图形图像一般都是由用户在显示器下查看，电商网页图像制作人员就需要对于电脑显示器、移动 PAD 屏幕、手机屏幕的分辨率尺寸进行了解，使今后制作出来的图像便于屏幕的显示和浏览。

下面，我们就以 Windows 10 系统为例进行演示如何查看和调整显示器分辨率尺寸。首先右键点击桌面，在右键菜单中选择"显示设置"选项（如图 1-1-15 所示）。

进入系统设置界面，在左侧点击"显示"菜单（如图 1-1-16 所示）。然后在右侧向下拉，找到"高级显示设置"一项，点击进入，在分辨率的下拉菜单中选择好你要设置的分辨率（如图 1-1-17 所示）；最后点击"应用"按钮，在弹出的保留这些显示设置确认窗口，点击"保留更改"按钮，这样分辨率就设置成功了。

图 1-1-15 "显示设置"选项卡

图 1-1-16 选择"显示"选项

图 1-1-17 "屏幕分辨率"对话框

Windows XP 系统调整显示器分辨率方法类似，也是在桌面右击，在出现的快捷菜单中选择"属性"，在"属性"里设置分辨率。

## 五、思考与练习

1. 你认为网页图像一般采用哪些图像文件格式，为什么？
2. 请将你的显示器分辨率情况记录到如图 1-1-18 中。

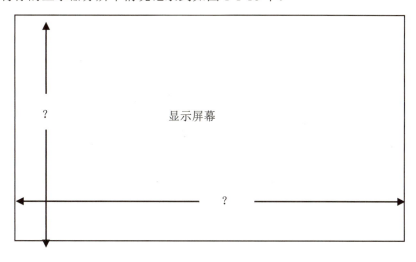

图 1-1-18　屏幕分辨率尺寸

3. 在点阵图 GIF、BMP、JPEG、PNG 文件格式中，哪种是支持动态图片的？哪种是支持透明背景的？哪种图像格式压缩率最高？哪种图像格式支持无损压缩？哪种图像格式根本不压缩？
4. 你认为点阵图和矢量图的区别有哪些？

## 1.2　关于颜色的基本常识

| 教学目标 | 1. 了解颜色的三要素及其表示方式；<br>2. 熟悉数字图像的常用色彩模式；<br>3. 理解冷暖色彩及其含义。 |
|---|---|

## 一、任务引入

开始图像制作之前，需要对图像颜色性质和特点进行了解。对色彩的良好把控，有助于提高今后图像设计和制作水准。

## 二、任务分析

对于图像制作来说，认识色彩是创建完美图像的重要基础。电子商务网页图像作为计算机处理的数字图像，其使用的颜色本身没有什么不同，但它还是有一些特定的记录和处理色彩的技术。因此，我们需要在理解颜色的基本理论知识基础上，熟悉数字图像处理技术中出现的有关颜色、色彩的术语，并对颜色及其特性进行进一步的了解。

## 三、相关知识

### 1. 颜色及其三要素

我们周围无论是自然的或人工的物体，都有各种颜色。这些颜色看起来好像附着在物体上，然而一旦光线减弱或成为黑暗，所有物体都会失去各自的颜色。我们看到的颜色，事实上是以光为媒体的一种感觉。颜色是人在接受光的刺激后，视网膜的兴奋传送到大脑中枢而产生的感觉。

颜色具有三要素：明度（Brightness）、色相（Hue）、纯度（Saturation）。

（1）明度（Brightness）

在无色彩中，颜色明度最高的色为白色，明度最低的色为黑色，中间存在一个从亮到暗的灰色系列。明度在三要素中具有较强的独立性，它可以不带任何色相的特征而通过黑白灰的关系单独呈现出来。色相与纯度则必须依赖一定的明暗才能显现，色彩一旦发生，明暗关系就会出现。我们可以把这种抽象出来的明度关系看作色彩的骨骼，它是色彩结构的关键。

由于明度表示颜色的相对明暗程度，在 Photoshop 等计算机绘图软件中，通常是从 0%（黑）～100%（白）的百分比来度量明度的。

（2）色相（Hue）

色相是指色彩的相貌。如果说明度是色彩的骨骼，色相就很像色彩外表的华美肌肤。色相体现着色彩外向的性格，是色彩的灵魂。

在 Photoshop 等计算机绘图软件中，使用在 0°～360°的标准色轮对色相按位置进行度量，而在人们通常的使用中，色相是由颜色名称标识的，比如红、绿或橙色，如图 1-2-1 所示。

（3）纯度（Saturation）

纯度（也叫饱和度）指的是颜色的强度或纯度，即彩色成分所占的比例，在 Photoshop 等计算机绘图软件中常用从 0%（灰色）～100%（完全饱和）的百分比来度量。如果通过色轮的方式来表示，在标准色轮上纯度（饱和度）是从中心逐渐向边缘递增的。

基于颜色的色相（Hue）、纯度（Saturation）、明度（Brightness）三要素，在 Photoshop 等计算机绘图软件中，就常用 HSB 模式来描述颜色，如图 1-2-2 所示，显示的就是明度 50%，纯度 50%的蓝色（色环位置 240°）。

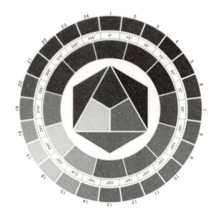

图 1-2-1　色轮将可见光范围内颜色以圆环方式表示

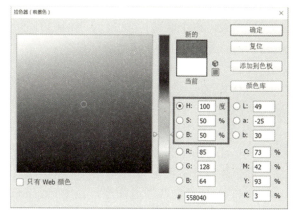

图 1-2-2　HSB 颜色模式

## 2. 数字图像的色彩模式

除了 HSB 颜色表示模式，计算机图像处理软件通常还使用了 RGB、Lab 及 CMYK 等色彩模式，以便在不同应用领域更好地表现颜色。其中 RGB 模式是一种发光屏幕的加色模式；CMYK 模式是一种颜色反光的印刷减色模式；Lab 模式是为了弥补 RGB 和 CMYK 两种色彩模式的不足，由 CIE 组织（国际照明委员会）确定的一个理论上包括了人眼可以看见的所有色彩的色彩模式。

（1）RGB 模式

绝大部分的可见光谱可以用红、绿和蓝三原色（RGB）光按不同比例和强度的混合来表示。因为 RGB 三种颜色合到一起产生白色，所以 RGB 模型为加色模型，用于光照、视频和显示器。例如，显示器通过红、绿和蓝荧光粉发射光线产生彩色。

在 Photoshop 等图像处理软件的 RGB 模式中，给彩色图像中每个像素的 RGB 分量分配一个从 0（黑色）到 255（白色）范围的强度值。例如，当 RGB 所有分量的值都是 255 时，结果是纯白色；而当所有值都是 0 时，结果是纯黑色；当三种分量值相等且非 0 或 255 时，结果是不同程度的灰色；当 R 为 255、G 为 255、B 为 0，即纯红和纯绿合成，产生黄色，如图 1-2-3 所示。

图 1-2-3　RGB 颜色模式

RGB 图像使用红、绿、蓝三种颜色，在屏幕上重现多达 1 670 万种颜色。RGB 图像为三通道图像，每个像素包含 24 位（8×3）。新建 Photoshop 图像的默认模式为 RGB。计算机显示器总是使用 RGB 模型显示颜色。

（2） CMYK 模式

CMYK 颜色模式以打印在纸张上油墨的光线吸收特性为基础，当白光照射到半透明油墨上时，部分光谱被吸收，部分被反射回眼睛。理论上，纯青色（C）、品红（M）和黄色（Y）色素能够合成吸收所有颜色并产生黑色。由于这个原因，CMYK 模型叫做减色模型。因为所有打印油墨都会包含一些杂质，这三种油墨实际上产生一种土灰色，必须与黑色（K）油墨混合才能产生真正的黑色。

CMYK 图像为四通道图像，在 Photoshop 等图像处理软件的 CMYK 模式中，每个像素的每种印刷油墨会被分配一个 0%～100% 的百分比值。最亮（高光）的颜色分配较低的印刷油墨颜色百分比值，较暗（暗调）的颜色分配较高的百分比值。例如，某明亮的红色可能会包含 2% 青色、93% 品红、90% 黄色和 0% 黑色，如图 1-2-4 所示。当所有四种分量的值都是 0% 时，就会产生纯白色。

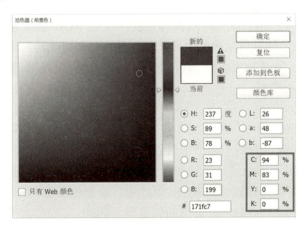

图 1-2-4　CMYK 颜色模式

（3） Lab 模式

Lab 颜色模式由心理明度分量（L）和两个色度分量组成，这两个分量即 a 分量（从绿到红）和 b 分量（从蓝到黄）。

Lab 颜色设计为与设备无关，无论使用什么设备（如显示器、打印机、计算机或扫描仪）创建或输出图像，这种颜色模型产生的颜色都保持一致。在 Photoshop 等图像处理软件中，Lab 颜色模式主要在不同颜色模式之间转换时使用。

3. 色彩的心理感觉

色彩心理是客观世界的主观反映，不同的颜色会给浏览者不同的心理感受。不同波长的光作用于人的视觉器官而产生色感时，必然导致人产生某种带有情感的心理活动，而且每种色彩在饱和度，明度上略微变化就会产生不同的感觉。

例如：绿色的柠檬或青桔等水果会给人未熟、酸涩、不敢轻易下口的距离感，如图 1-2-5 所示。红色的苹果或甜橙等水果给人甘甜、可口的亲切感。这是颜色通过视觉、味觉、心理等多方面因素给人造成的感觉，如图 1-2-6 所示。

图 1-2-5　未熟、酸涩的绿色　　　　　　图 1-2-6　甘甜、可口的红色

　　色彩的心理感觉具有差异性和共同性的特点。差异性体现在色彩感觉与年龄相关、与职业相关、与社会心理相关；共同性体现在色彩的冷暖感觉、轻重感觉、动静感觉等，其决定因素是色彩自身的色相、明度、纯度要素。

　　（1）色彩感觉与年龄

　　由于年龄变化，导致生理变化，导致心理变化。据研究统计：婴儿喜爱红色和黄色；4～9 岁儿童最喜爱红色；9 岁的儿童又喜爱绿色；7～15 岁的小学生中，男生的色彩爱好次序是绿、红、青、黄、白、黑，女生的爱好次序是绿、红、白、青、黄、黑。随着年龄的增长，人们的色彩喜好逐渐向复色过渡，向黑色靠近。也就是说，年龄愈近成熟，所喜爱色彩愈倾向成熟。

　　（2）色彩感觉与职业

　　一般来说：体力劳动者喜爱鲜艳色彩；脑力劳动者喜爱调和色彩；农牧人员喜爱鲜艳的，成补色关系的色彩；高级知识分子则喜爱复色、淡雅色、黑色等成熟色彩。

　　（3）色彩感觉与社会心理

　　因不同的社会制度、意识形态、生活方式，产生不同的社会审美意识和审美感受。由不同地区、不同民族、不同文化传统、不同审美，而在某个较长的时期内保持着相对稳定的颜色，就形成了社会的常用色。而当一些色彩被赋予时代精神的象征意义，又符合人们的认识、理想、兴趣、爱好、欲望时，就会形成社会流行色。相对常用色而言，流行色是一种与时俱进的颜色，特点是流行最快、周期最短。常用色有时上升为流行色，流行色经人们使用后也会成为常用色。

　　每年都有一大批来自世界各地的流行色专家，他们携带各种提案参加国际流行色会议，共同商量下一年度每季的流行色提案。每一组流行色都有其灵感来源：热带雨林、碧空蓝天、大海、阳光、唐三彩……

　　他们在调查研究消费者上一季度采用最多的颜色，并注意找出哪些是较新出现的、有上升势头的颜色。大家分析消费者的心理与对颜色的喜好，并窥探消费者的内心，猜测在下一季度的政治、经济和社会形势下，消费者喜欢什么颜色，在充分讨论和分析的基础上，投票决定下一季度的流行色。

　　流行色也具有以下规律：长期流行红蓝色调后，人们会向往绿橙色调；长期流行淡雅色调后，人们会向往中深色调；长期流行鲜明色调后，人们会向往沉着色调；长期流行暖色调后，人们会向往冷色调，而这也是因为欣赏需求的生理生态平衡。

（4）色彩的冷暖感觉

色彩的冷暖感觉是人们在长期生活实践中由于联想而形成的，如图 1-2-7 所示。红、橙、黄色常使人联想起东方旭日和燃烧的火焰，因此有温暖的感觉，所以称为"暖色"；蓝色常使人联想起高空的蓝天、阴影处的冰雪，因此有寒冷的感觉，所以称为"冷色"；绿、紫等色给人的感觉是不冷不暖，故称为"中性色"。

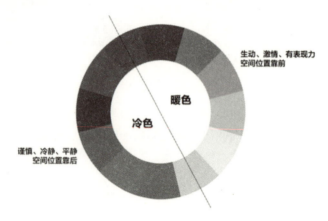

图 1-2-7　冷色调和暖色调

暖色的特点，让人感觉热烈、扩展、前进、亲和、积极；冷色的特点，让人感觉冷静、收缩、后退、冷漠、消极。例如，冷暖色调带来空间感的变化，冷色调墙壁似乎向后缩进了，而暖色调则相反，给人以向前凸出的感觉。

在日常生活中，广告牌就大多使用红色、橙色和黄色等暖色，这是因为这些颜色不仅醒目，而且有凸出的效果，从远处就能看到。在同一个地方立两块广告牌，一块为红色，一块为蓝色。从远处看红色的那块要显得近一些。在商品宣传单上，正确使用前进色可以突出宣传效果。在宣传单上，把优惠活动的日期和商品的优惠价格用红色或者黄色的大字显示，会产生一种冲击性的效果，相信顾客都无法抵挡优惠价格的诱惑。

（5）色彩的轻重感觉

色彩在心理上的重量感受主要取决于色彩的明度，明度高色彩感觉轻，明度低色彩感觉重。明度相同时，纯度高色彩感觉轻，纯度低色彩感觉重，如图 1-2-8、1-2-9 所示。

图 1-2-8　色彩的轻重感觉

第1章 认识电商网页图像制作

图 1-2-9  色彩轻重感的设计案例

在日常生活中，我们常见的财会人员保管的保险柜是深深的墨绿色，而无论是公司中的大型保险柜，还是影视剧中出现的巨型保险柜，也大多是黑色的，这是为什么呢？原因在于深色会让人心理上感觉沉重。为了防止被盗，保险柜都设计为无法轻易破坏的构造，还必须尽可能地加大它的重量，使之无法轻易搬动。然而，为保险柜增加物理重量是有极限的，白色和黑色在心理上可以产生接近两倍的重量差，因而使用黑色可以大大增加保险柜的心理重量，使人产生无法搬动的感觉。从而有效防止被盗的发生。

而我们常见的包装纸箱为什么多为浅褐色，除了因为它是利用再生纸制造而成的，保持了纸浆的原色外，这和心理重量也有着紧密联系。比如最近，除了浅褐色之外，白色包装纸箱也多了起来。某些大型物流公司已经把自己的包装纸箱统一为白色。浅褐色可以使人感觉包装纸箱的重量比较轻，而相比之下，纯净的白色就更轻了。使用包色纸箱包装货物，可以减轻搬运人员的心理负担。

（6） 常见颜色的心理感觉

红色：红色的色感温暖，性格刚烈而外向，是一种对人刺激性很强的色，给人以大胆、强烈的感觉，使人产生热烈、活泼的情绪。但不宜接触过多，过久凝视大红颜色，不仅会影响视力，而且易产生头晕目眩之感。即红色容易引起人的注意，也容易使人兴奋、激动、紧张、冲动，还是一种容易造成人视觉疲劳的色。

黄色：属于暖色系统，是人出生时最先看到的颜色，它象征温情、华贵、欢乐、热烈、跃动和活泼。黄色是一种象征健康的颜色，因为它是光谱中最易被吸收的颜色。黄色能促进血液循环，增加唾液腺的分泌，刺激食欲；它能促进健康者的情绪稳定，但对情绪压抑、悲观失望者，则会加重这种不良情绪。

蓝色：很容易使人想到蔚蓝的大海、晴朗的蓝天，所以是一种令人产生遐想的色彩，具有调节神经、镇静安神、缓解紧张情绪的作用。蓝色的灯光在治疗失眠、降低血压中有明显作用，还是"抗噪"的最佳色彩，能减少噪声对城市居民的情绪干扰。并非所有的人都适合蓝色，抑郁症患者不宜过多接触蓝色，否则会加重病情。

绿色：具有黄色和蓝色两种成份的色，在绿色中，将黄色的扩张感和蓝色的收缩感相中和，将黄色的温暖感与蓝色的寒冷感相抵消，这样使得绿色的性格最为平和、安稳。绿色令人感到稳重和舒适。它具有镇静神经、降低眼压、解除眼疲劳、改善肌肉运动能力等作用。对人的视觉神经最为适宜,是视觉调节和休息最为理想的颜色。但长时间在绿色的环境中,易使人感到冷清,影响胃液分泌,导致食欲减退。

白色:具有洁净和膨胀感,在居家布置时,如空间较小时,可以白色为主,使空间增加宽敞感。白色是纯净无暇的象征,能促使高血压病患者的血压下降,对易动怒的人可起调节作用,有助于保持血压正常,但孤独症、抑郁症患者则不宜在白色环境中久住。

粉红色:粉红色是温柔的最佳诠释,在平息雷霆之怒中有着奇妙的功效,因为粉红色会影响人的丘脑,使肾上腺激素分泌减少,从而使情绪趋于稳定、肌肉趋于放松。孤独症和抑郁症患者也不妨经常接触粉红色。

橙色:橙色也是一种激奋的颜色,让人感觉一种有分寸感的热情、温暖,是一种富足、快乐而幸福的颜色。橙色在空气中的穿透力仅次于红色,具有轻快、欢欣、热烈、温馨、光明、华丽、兴奋、甜蜜、快乐、时尚的效果。

紫色:紫色的明度在有彩色的色料中是最低的,紫色的低明度给人一种沉闷、神秘的感觉。在紫色中,红的成份较多时,其知觉具有压抑感、威胁感;在紫色中加入少量的黑,其感觉就趋于沉闷、伤感、恐怖;在紫色中加入白,可使紫色沉闷的性格消失,变得优雅、娇气,并充满女性的魅力,淡紫色让人觉得充满雅致、神秘、优美的情调。

## 四、任务实施

1. 根据春、夏、秋、冬四季的特点,分析比较四季的色彩变化。

(1) 分析春、夏、秋、冬四季色彩特点和象征。例如,春天的特点:万物复苏,植物发芽,是具有朝气,生命的特性,一般各种高明度和高纯度的色彩,以黄绿色为典型;象征:温暖、生命、希望;色彩:粉红、淡黄、新绿。夏天的特点:万物生长,郁郁葱葱,具有阳光,强烈的特性,一般是高纯度的色彩形成的对比,以高纯度的绿色,高明度的黄色和红色为典型;象征:生命成长;色彩:深绿、翠绿、对比强烈。秋天的特点:万物成熟,硕果累累,具有成熟,萧索的特性,一般是黄色及暗色调为主的色彩;象征:丰收、收获;色彩:熟褐、土红、金黄。冬天的特点:万物休寂,具有冰冻、寒冷的特性,一般是灰色,高明度的蓝色,白色等冷色;象征:寒冷、暮年;色彩:白色、灰黄色。

根据四季的图片,如图 1-2-10 所示,从中寻找色彩的感觉。

图 1-2-10 四季变化

（2）比较图 1-2-11 和图 1-2-12 中卡通图像的四季风格是否明显？分析并讨论四季的色彩特征和配色规律。

图 1-2-11　卡通四季图（1）　　　　　　图 1-2-12　卡通四季图（2）

2. 浏览电商网站，保存图片并分析色彩搭配的心理感受，不少于 10 张。（此任务可根据情况随机完成）

## 五、思考与练习

1. 请用连线将颜色及相应 RGB 颜色模式数字连接起来。

| 颜色名称 |
|---|
| 红 |
| 橙 |
| 黄 |
| 绿 |
| 蓝 |
| 紫 |
| 黑 |

| RGB 颜色模式数值 |
|---|
| R000 G000　B000 |
| R000 G000　B255 |
| R000 G255　B000 |
| R255 G000　B000 |
| R255 G000　B255 |
| R255 G255　B000 |
| R255 G127　B000 |

2. 颜色的三要素是什么？
3. 你认为网页图像一般采用哪种颜色模式较好？为什么？
4. 当你接到给图像配色的任务时，你会做哪些准备工作？考虑哪些因素？

## 六、知识链接

### 1. Web 安全色

对于 Web 网页上的数字图像，由于不同的平台（Mac、PC 等）有不同的调色板，不同的浏览器也有自己的调色板。这就意味着对于一幅图，显示在 Mac 上的 Web 浏览器中的图像，与它在 PC 上相同浏览器中显示的颜色效果可能差别很大。

为了解决 Web 网页图像调色的问题，人们一致通过了一组在所有浏览器中都类似的 Web 安全颜色。这些颜色使用了一种颜色模型，在该模型中，可以用相应的 16 进制数值 00H、33H、66H、99H、CCH 和 FFH 来表达三原色（RGB）中的每一种。这种基本的 Web 调色板将作为所有的 Web 浏览器和平台的标准。它包括了这些 16 进制数值的组合结果。这就意味着，我们潜在的输出结果包括 6 种红色调、6 种绿色调、6 种蓝色调。6×6×6 的结果就给出了 216 种特定的颜色，这些颜色就可以安全地应用于所有的 Web 网页中，而不需要担心颜色在不同应用程序之间的变化，如图 1-2-13 所示。

| | | | | | |
|---|---|---|---|---|---|
| 000000 | 000033 | 000066 | 000099 | 0000CC | 0000FF |
| 003300 | 003333 | 003366 | 003399 | 0033CC | 0033FF |
| 006600 | 006633 | 006666 | 006699 | 0066CC | 0066FF |
| 009900 | 009933 | 009966 | 009999 | 0099CC | 0099FF |
| 00CC00 | 00CC33 | 00CC66 | 00CC99 | 00CCCC | 00CCFF |
| 00FF00 | 00FF33 | 00FF66 | 00FF99 | 00FFCC | 00FFFF |
| 330000 | 330033 | 330066 | 330099 | 3300CC | 3300FF |
| 333300 | 333333 | 333366 | 333399 | 3333CC | 3333FF |
| 336600 | 336633 | 336666 | 336699 | 3366CC | 3366FF |
| 339900 | 339933 | 339966 | 339999 | 3399CC | 3399FF |
| 33CC00 | 33CC33 | 33CC66 | 33CC99 | 33CCCC | 33CCFF |
| 33FF00 | 33FF33 | 33FF66 | 33FF99 | 33FFCC | 33FFFF |
| 660000 | 660033 | 660066 | 660099 | 6600CC | 6600FF |
| 663300 | 663333 | 663366 | 663399 | 6633CC | 6633FF |
| 666600 | 666633 | 666666 | 666699 | 6666CC | 6666FF |
| 669900 | 669933 | 669966 | 669999 | 6699CC | 6699FF |
| 66CC00 | 66CC33 | 66CC66 | 66CC99 | 66CCCC | 66CCFF |
| 66FF00 | 66FF33 | 66FF66 | 66FF99 | 66FFCC | 66FFFF |
| 990000 | 990033 | 990066 | 990099 | 9900CC | 9900FF |
| 993300 | 993333 | 993366 | 993399 | 9933CC | 9933FF |
| 996600 | 996633 | 996666 | 996699 | 9966CC | 9966FF |
| 999900 | 999933 | 999966 | 999999 | 9999CC | 9999FF |
| 99CC00 | 99CC33 | 99CC66 | 99CC99 | 99CCCC | 99CCFF |
| 99FF00 | 99FF33 | 99FF66 | 99FF99 | 99FFCC | 99FFFF |
| CC0000 | CC0033 | CC0066 | CC0099 | CC00CC | CC00FF |
| CC3300 | CC3333 | CC3366 | CC3399 | CC33CC | CC33FF |
| CC6600 | CC6633 | CC6666 | CC6699 | CC66CC | CC66FF |
| CC9900 | CC9933 | CC9966 | CC9999 | CC99CC | CC99FF |
| CCCC00 | CCCC33 | CCCC66 | CCCC99 | CCCCCC | CCCCFF |
| CCFF00 | CCFF33 | CCFF66 | CCFF99 | CCFFCC | CCFFFF |
| FF0000 | FF0033 | FF0066 | FF0099 | FF00CC | FF00FF |
| FF3300 | FF3333 | FF3366 | FF3399 | FF33CC | FF33FF |
| FF6600 | FF6633 | FF6666 | FF6699 | FF66CC | FF66FF |
| FF9900 | FF9933 | FF9966 | FF9999 | FF99CC | FF99FF |
| FFCC00 | FFCC33 | FFCC66 | FFCC99 | FFCCCC | FFCCFF |
| FFFF00 | FFFF33 | FFFF66 | FFFF99 | FFFFCC | FFFFFF |

图 1-2-13　Web 安全色

## 2. 色彩心理学

色彩心理学是专门分析颜色和颜色组合所产生的对情绪和行为的影响的学科。色彩心理学是十分重要的学科，在自然欣赏、社会活动方面，色彩在客观上是对人们的一种刺激和象征；在主观上又是一种反应与行为。色彩心理透过视觉开始，从知觉、感情再到记忆、思想、意志、象征等，其反应与变化是极为复杂的。色彩的应用很重视这种因果关系，即由对色彩的经验积累而变成对色彩的心理规范，当受到什么刺激后能产生什么反应，都是色彩心理所要探讨的内容。

电子商务网站的所有者希望知道什么样的颜色可以让他们网站的浏览者支付更多的钱；家装公司希望某种颜色可以将一间卧室变成安静的禅房；快餐店主急于知道什么样的颜色组合会让您点份量最大的套餐。正如我们所见到的，色彩心理学蕴含着极大的商机。

## 3. 网页图像制作的色彩搭配注意事项

色彩搭配既是一项技术性工作，也是一项艺术性工作。因此，网页美工和图像制作人员在设计网页时除了考虑网站本身的特点外，还要遵循一定的艺术规律，从而设计出色彩鲜明、风格独特的网站。

在网页整体界面和具体页面图像的色彩的搭配一般原则是"总体协调，局部对比"。也就是在网页的整体色彩效果应该是和谐的，在局部的、小范围的地方可以采用一些强烈色彩的对比，"大调和、小对比"的方式进行色彩平衡。

此外，还要考虑网页底色（背景色）的深浅。底色深，文字的颜色就要浅，以深色的背景衬托浅色的内容（文字或图片）；反之亦然，底色浅，文字的颜色就要深些，以浅色的背景衬托深色的内容。这种深浅的变化在色彩学中称为"明度变化"。有些主页底色是深色的，文字也选用了较深的颜色，由于色彩的明度比较接近，读者在浏览的时候会觉得很吃力，影响了阅览的效果。当然，色彩的明度也不能变化太大，否则屏幕上的反差太强烈，也会适得其反，产生俗气、刺眼的不良效果。

# 1.3 关于平面构图的基本常识

| 教学目标 | 1. 了解平面构成的要素和一般形式法则；<br>2. 了解版面设计的常用方法；<br>3. 能够根据平面构成及版面设计的原理方法进行图像和网页布局。 |
| --- | --- |

## 一、任务引入

好的图像构图和版面设计，可以更好地传达电商想要传达的信息，或者加强信息传达的效果，增强可读性，使要传达内容更加醒目、美观。因此，对平面构图的良好把控，将有助于提高今后图像设计和制作水准。

## 二、任务分析

平面视觉设计中充满了各种视觉符号。这些视觉符号以某种形式组合在一起，传达着不同的视觉信息。它们的基本形式要素包括点、线和面，三种形式要素以各种不同的组合构成各式各样的视觉符号与图形，并且它们之间也存在着相互的转化。正是因为这些形式要素的不同组合与应用，使得视觉语言的表达更加丰富多彩、复杂多变，能够表达更加细腻而微妙的心理感受。三种视觉元素的组合使得视觉传达设计充满了灵动而活跃的因素，表达丰富深远的情感或意境。

平面构成起源于现代科技美学。它综合了现代数学、心理学、美学等诸多领域的成就，并已成功应用于艺术设计诸多领域。对于电商美工来说，重点要了解平面构成及网页版面设计，例如如何运用点、线、面等平面构成要素及形式原理，对图像画面及网页版面的文字、图形图像、线条、表格、色块等构成元素，按照一定的要求进行编排布置，并以视觉方式艺术的表达出来，使浏览者能够直观、印象深刻地感受到要传递的意思，具有重要意义。

## 三、相关知识

### 1. 平面构成的概念

平面构成是视觉元素在二次元的平面上，按照美的视觉效果，力学的原理，进行编排和组合，它是以理性和逻辑推理来创造形象、研究形象与形象之间的排列的方法，是理性与感性相结合的产物。

（1）平面构成的视觉元素

点——在人们头脑中是一粒尘埃，一个分子。一个标记点在几何学中是不具有大小而只具有位置的，但在构成中是有大小、形状、位置和面积的。而且，点一般被认为最小的并且是圆形的，但实际上点的形式可以是多种多样的，有圆形、方形、三角形、梯形、不规则形等。自然界中的任何形态缩小到一定程度都能产生不同形态的点，如人站在辽阔的海滩上就会小得像一个点，由此可以联想到一个物体在他周围不同的环境条件下就会产生不同的感觉。越小的形体越能给人以点的感觉。

当单个的点在画面中所处的位置不同，产生的心理感受也是不同的。位置居中会有平静、集中感；偏上时会有不稳定感，形成自上而下的视觉流程；偏下时，画面会产生安定的感觉，但容易被人们忽略。位于画面三分之二偏上的位置时，最易吸引人们的观察力和注意力，如图1-3-1所示。

当画面中有两个大小不同时的点，大的点首先引起人们的注意，但视线会逐渐地从大的点移向小的点，最后集中到小的点上，点大到一定程度具有面的性质，越大越空乏，越小的点积聚力越强，如图1-3-2所示。

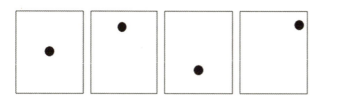
图 1-3-1　点在画面不同位置产生不同的心理感觉

图 1-3-2　两个点的位置

不同大小、疏密的点混合排列，可以成为散点式的构成形式；将大小一致的点按一定的方向进行有规律的排列，又给人的视觉留下一种由点的移动而产生线化的感觉；以由大到小的点按一定的轨迹、方向进行变化，使之产生一种优美的韵律感；把点以大小不同的形式，进行有序的排列，产生点的面化感觉；将大小一致的点以相对的方向，逐渐重合，产生微妙的动态视觉；而不规则的点能形成活泼的视觉效果等，都是点的构成方法，如图 1-3-3、1-3-4、1-3-5 所示。

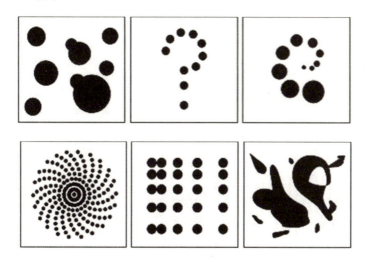
图 1-3-3　点的构成方法

图 1-3-4　点的构成应用案例（1）

图 1-3-5　点的构成应用案例（2）

线——是点移动的轨迹。线有游离于点和形之间，具有位置、长度、宽度、方向、形状和性格等属性。线在设计中变化万千，也是不可缺少的元素。

线有很强的心理暗示作用，不同的线还有不同的感情性格。线可以用于表现动和静。直线表现静，曲线表现动，曲折线则有不安定的感觉。

直线具有男性的特点，有力度、稳定。水平线平和、寂静，使人联想风平浪静的水面，远方的地平线。垂直线则使人联想到树、电线杆、建筑物的柱子，有一种崇高的感受。斜线则有一种速度感。直线还有粗细之分：粗直厚重，粗笨的感觉；细直线有一种尖锐，精细的感觉。

曲线富有女性化的特征，具有丰满、柔软、优雅、浑然之感。几何曲线是用圆规或其他工具绘制的具有对称和秩序的差、规整的美。自由曲线是徒手画的一种自然的延伸，自由而富有弹性。

线的构成方法包括：等距的密集排列面化的线；按不同距离排列，具有透视空间视觉效果疏密变化的线；具有虚实空间的视觉效果粗细变化的线；将原来较为规范的线条排列作一些切换变化，错觉化的线；立体化的线；不规则的线等，如图1-3-6所示。

图1-3-6  线的构成方法

线在编排构成中的形态很复杂，有形态明确的实线、虚线、也有空间的视觉流动线。然而，人们对线的概念都仅停留于版面中形态明确的线对空间的视觉流动线，却往往易忽略。实际上，我们在欣赏一幅画的过程中，视线是随各元素的运动流程而移动的。对这一流程人人都有体会，只是人们不习惯注意自己构筑在视觉心理上的这条即虚又实的"线"，因而容易忽略或视而不见。实质上，这条空间的视觉流动线，对于每一位设计师来讲，都具有相当重要的意义。如图1-3-7、1-3-8、1-3-9所示。

面——是线移动的轨迹。在平面构成中，面是具有长度、宽度和形状的实体，点的密集或者扩大，线的聚集和闭合都会生出面。面是构成各种可视形态的最基本的形。

图 1-3-7 线的构成应用案例（1）

图 1-3-8 线的构成应用案例（2）

图 1-3-9 线的构成应用案例（3）

　　面的形态是多种多样的，不同的形态的面，在视觉上有不同的作用和特征。直线形的面具有直线所表现的心理特征，有安定、秩序感，直板、僵硬的性格；曲线形的面具有柔软、轻松、饱满的象征；偶然形的面如：水和油墨，混合墨滴产生的偶然形等，比较自然生动，有人情味，如图 1-3-10 所示。

图 1-3-10 面的构成方法

(2) 元素与元素之间的排列关系

它们之间的排列有下面几种：分离/相切/重叠/透叠/结合/减缺/差叠/重叠，如图 1-3-11 所示。

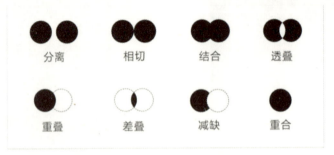

图 1-3-11　元素与元素之间的排列关系

分离：形与形之间不接触，有一定距离。

相切：形与形之间的边缘正好相切。

重叠：形与形之间覆叠关系，由此产生上下前后的空间关系。

透叠：形与形有透明性的相互交叠，但不产生上下前后的空间关系。

结合：形与形相互结合成较大的新形状。

减缺：形与形相互覆叠，覆叠的形状被剪掉。

差叠：形与形相互交叠，交叠的部分产生一个新的形。

重合：形与形相互重合，变为一体。

2. 版面设计的基本原则

（1）思想性与艺术性结合

版面设计本身并不是目的，设计是为了更好地传播客户信息的手段。如果设计师仅是自我陶醉于个人风格以及与主题不相符的字体和图形中，往往会造成设计平庸失败。一个成功的版面构成，首先必须明确客户的目的，并深入去了解、观察、研究与设计有关的方方面面。版面离不开内容，更要体现内容的主题思想，用以增强读者的注目力与理解力。只有做到主题鲜明突出，一目了然，才能达到版面构成的最终目标。

版面的装饰因素是文字、图形、色彩等通过点、线、面的组合与排列构成的，并采用夸张、比喻、象征的手法来体现视觉效果，既美化了版面，又提高了传达信息的功能。装饰是运用审美特征构造出来的。不同类型的版面信息具有不同方式的装饰形式。它不仅起着排除其他，突出版面信息的作用，而且又能使读者从中获得美的享受。

（2）整体协调与主体突出结合

只有把形式与内容合理地统一，强化整体布局，才能取得版面构成中独特的社会和艺术价值，才能解决设计"应说什么"，"对谁说"和"怎么说"的问题。强调版面的整体协调性，也就是强化版面各种编排要素在版面中的结构及色彩上的关联性。通过版面的图文间的整体组织与协调性的编排，使版面具有秩序美、条理美，从而获得更良好的视觉效果。

整体协调性使画面达到条理性和规律性，同时还要根据元素的重要性确定视觉主次关系。利用大小、位置、颜色等元素的对比变化，突出主体。使其在显示中比其他元素有更大的优先权,产生一种视觉主次关系,让浏览者先看到什么,最后看到什么。而这种信息流既强调了主体,又不会造成视觉混乱。

(3) 版面设计的其他一般形式原则

① 重复与交错。在排版设计中,不断重复使用的基本形或线的形状、大小、方向都是相同的。重复是设计中比较常用的手法,可以使作品产生安定、整齐、规律的统一。但重复构成的视觉感受有时容易显的呆板、平淡、缺乏趣味性的变化。故此,我们在版面中可安排一些交错与重叠,打破版面呆板、平淡的格局。在重复的构成中主要是指形状、颜色、大小等方面的相同。比如:形状的重复、骨骼的重复、大小的重复、色彩的重复、肌理的重复、方向的重复。如图 1-3-12、1-3-13 所示。

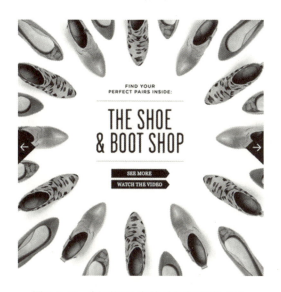

图 1-3-12　版面设计中的重复与交错(1)

图 1-3-13　版面设计中的重复与交错(2)

② 节奏与韵律。节奏与韵律来自于音乐概念,正如歌德所言:"美丽属于韵律。"韵律被现代排版设计所吸收。节奏是按照一定的条理、秩序、重复连续地排列,形成一种律动形式。它有等距离的连续,也有渐变、大小、长短、明暗、形状、高低等的排列构成。在节奏中注入美的因素和情感——个性化,就有了韵律。韵律就好比是音乐中的旋律,不但有节奏更有情调,还能增强版面的感染力,开阔艺术的表现力。如图 1-3-14、1-3-15 所示。

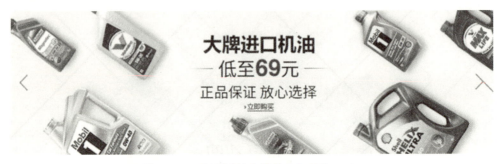

图 1-3-14 版面设计中的节奏与韵律（1）

图 1-3-15 版面设计中的节奏与韵律（2）

③ 对称与均衡。两个同一形的并列与均齐，实际上就是最简单的对称形式。对称是同等同量的平衡。对称的形式有以中轴线为轴心的左右对称；有以水平线为基准的上下对称和以对称点为源的放射对称；还有以对称面出发的反转形式。其特点是稳定、庄严、整齐、秩序、安宁、沉静。如图 1-3-16、1-3-17 所示。

图 1-3-16 版面设计中的对称与均衡（1）

图 1-3-17 版面设计中的对称与均衡（2）

④ 对比与调和。对比是差异性的强调，对比的因素存在于相同或相异的性质之间，也就是把相对的两要素互相比较一下，产生大小、明暗、黑白、强弱、粗细、疏密、高低、远近、硬软、直曲、浓淡、动静、锐钝、轻重的对比。对比的最基本要素是显示主从关系和统一变化的效果。调和是指适合、舒适、安定、统一，是近似性的强调，使两者或两者以上的要素相互具有共性。对比与调和是相辅相成的。在版面构成中，一般事例版面宜调和，局部版面宜对比。如图 1-3-18 所示。

图 1-3-18　版面设计中的对比与调和

⑤ 比例与适度。比例是形的整体与部分，以及部分与部分之间数量的一种比率。比例又是一种用几何语言和数比词汇表现现代生活和现代科学技术的抽象艺术形式。成功的排版设计首先取决于良好的比例：等差数列、等比数列、黄金比等。黄金比能求得最大限度的和谐，使版面被分割的不同部分产生相互联系。适度是版面的整体与局部与人的生理或习性的某些特定标准之间的大小关系，也就是排版要从视觉上适合读者的视觉心理。比例与适度，通常具有秩序、明朗的特性，予人一种清新、自然的新感觉。如图 1-3-19 所示。

⑥ 变异与秩序。变异是规律的突破，是一种在整体效果中的局部突变。这一突变之异，往往就是整个版面最具动感、最引人关注的焦点，也是其含义延伸或转折的始端。变异的形式有规律的转移、规律的变异，可依据大小、方向、形状的不同来构成特异效果。秩序美是排版设计的灵魂：它是一种组织美的编排，能体现版面的科学性和条理性。由于版面是由文字、图形、线条等组成，尤其要求版面具有清晰明了的视觉秩序美。构成秩序美的原理有对称、均衡、比例、韵律、多样统一等。在秩序美中融入变异之构成，可使版面获得一种活动的效果。如图 1-3-20 所示。

图 1-3-19　版面设计中的比例与适度　　　　图 1-3-20　变异与秩序

⑦ 虚实与留白。虚实与留白是版面设计中重要的视觉传达手段，主要用于为版面增添灵气和制造空间感。两者都是采用对比与衬托的方式将版面中的主体部分烘托而出，使版面结构主次更加清晰，同时也能使版面更具层次感。

其中留白即指版面中未配置任何图文的空间，在版面中巧妙地留出空白区域，使留白空间更好地将主体衬托，将读者视线集中在画面主题之上。"白"不单单是一种颜色，更是一种设计理念，积淀着深厚的文化底蕴，产生空灵、安静、虚实相生的效果，同时又与东方传统文化哲学、禅、茶道、国画，西方的文学空白手法的极简主义理念相互交融。留白是重要表现手法，可以使画面给观者无限遐想，产生良好的意境美。如图1-3-21、1-3-22、1-3-23、1-3-24所示。

图1-3-21 中国画的虚实与留白

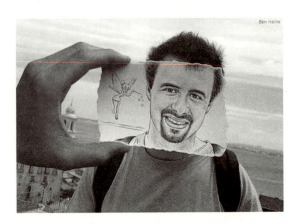

图1-3-22 虚实结合的创意照片

图1-3-23 版面设计中的留白（1）

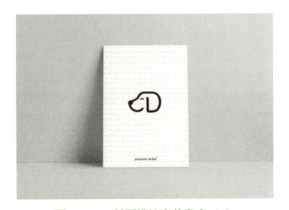

图1-3-24 版面设计中的留白（2）

⑧ 变化与统一。变化与统一是形式美的总法则，两者完美结合，是版面构成最根本的要求，也是艺术表现力的因素之一。变化是一种智慧、想象的表现，是强调种种因素中的差异性方面，造成视觉上的跳跃。统一是强调物质和形式中种种因素的一致性方面，最能使版面达到统一的方法是保持版面的构成要素要少一些，而组合的形式却要丰富些。统一的手法可借助均衡、调和、秩序等形式法则，如图1-3-25、1-3-26所示。

图 1-3-25　同类产品主图的变化与统一

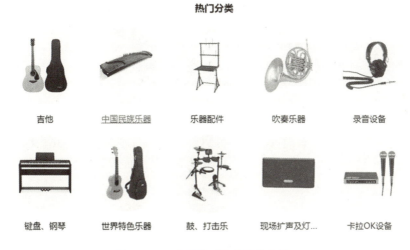

图 1-3-26　商品陈列中的变化与统一

## 四、任务实施

1. 从点、线、面的构成角度观察分析图 1-3-27、1-3-28、1-3-29 所示平面广告案例。

图 1-3-27　案例（1）

图 1-3-28　案例（2）

图 1-3-29　案例（3）

2. 观察图 1-3-30、1-3-31、1-3-32、1-3-33、1-3-34、1-3-35、1-3-36、1-3-37 所示电商网页画面，请画出这些画面的布局框架，并简单说说其版面设计都应用了哪些构成原则。

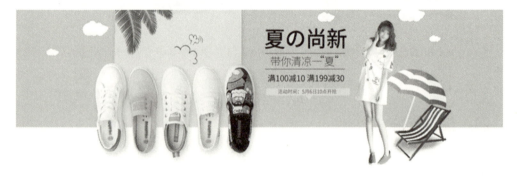

图 1-3-30　案例（1）

图 1-3-31　案例（2）

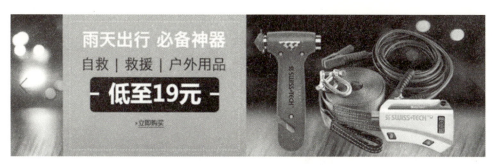

图 1-3-32　案例（3）

图 1-3-33　案例（4）

图 1-3-34　案例（5）

图 1-3-35　案例（6）

图 1-3-36　案例（7）

图 1-3-37　案例（8）

### 五、思考与练习

1. 平面构成的基本要素有哪些？
2. 版面设计的基本原则有哪些？
3. 版面设计中什么是留白，对于留白的图像有什么要求？

## 1.4　图像的视觉营销

| 教学目标 | 1. 了解视觉营销及其注意事项；<br>2. 了解视觉营销对网页图像制作的要求。 |
| --- | --- |

### 一、任务引入

网页图像制作是有一定的目的性的，特别是电商网页图像制作就是带有营销目的。这就需要我们对图像的视觉营销及其要素进行学习和认识。

### 二、任务分析

"一图胜千言、无图无真相"这句话在互联网上是千真万确的。照片和图片通常可以作为视觉诱饵去吸引匆匆而过的访问者，让他们去关注内容，达到电商网站实现营销的目的。然而，错误的图片或者图片正确但表达方式拙劣，都可能对网站的吸引力造成伤害。因此，我们在制作电子商务网页图像时，需要对视觉营销的概念进行了解，并从视觉营销的角度来审视电商网页图像处理的工作任务要求。

## 三、相关知识

### 1. 视觉营销及其要点

电商网页的视觉营销，主要指利用色彩、图像、文字等造成的冲击力，吸引潜在顾客的关注。由此增加产品和网站的吸引力，从而达到营销制胜的目的。

良好的视觉营销可以吸引顾客经常光顾网店，增加点击率和访问量；可以使顾客保持愉快的心情，在商店逗留更多的时间；可以刺激顾客的冲动性购买，提高订单转化率；可以塑造区别于竞争对手的独特的网店形象，从而获得良好的竞争优势。

在视觉营销时一般需要注意以下几点：突出营销目的；形式多种多样；形成视觉焦点；尽量关联展示；不要喧宾夺主；追求新颖独特；产生品牌联想；注重设计细节；诱导顾客深入；不断变化创新。从而实现对网站浏览者（买家）视线的把控和心理的把控，达到营销目的。

此外，我们在浏览网店时会先看其可访问性，然后吸引我们眼球的是他的色彩布局和搭配，其次才会去看他的细节。因此，我们在网页及图像制作时还需要注意：

（1）打开网页的快捷度和可用性

不要让你的买家等待，让她们可以用最快的速度找到所需。需要考虑的因素包括页面打开速度、合理的导航、运营引导和分类等。自我提问：客户是否还需要刻意思考？是否迷路？是否可以让顾客瞬间找到内心想需？是否把顾客潜意识里的所需也给调动了？

（2）找准目标受众，选好风格和色调

风格和色调不是随意选择的，而是系统地分析自己的产品受众人群的心理特征，找到这部分群体易于接受的模式。以颜色为例，黄色：乐观和年轻的，常用于橱窗购物；红色：充满活力的，增加心跳，营造紧急氛围，常用于促销（冲动型消费者）；蓝色：营造信任和安全的氛围，常用于银行和贸易（冲动型消费者）；绿色：和富有联系在一起，保护视力的颜色，常用于轻松购物预算；橙：有激情的，促进行动，下单，购买，销售；粉色：罗曼蒂克，女性的，常用于销售女性和年轻女孩的产品传统型服装；黑色：强大和沉稳的，常用于奢侈品销售（冲动型消费者）；紫色：缓和放松的颜色，常用于美丽和抗衰老的产品等。

（3）给予消费者足够的信息量

给予顾客足够的信息量，但要突出重点，避免杂乱干扰。例如，店铺首页的重点是：你是做什么的，你做得如何，各宝贝入口在哪？店铺列表页重点在于：这个类目有何特色？适合哪种人群？店铺详情页重点在于：这个宝贝如何值得购买？

（4）良好的营销感设计

页面和图像需要有营销功能，否则就是好看的花架子，华而不实，要避免页面好看但不卖货的局面。

没有传递障碍，信息能够准确无误地到达顾客，并且丢失率少，没有无缘无故的干扰，顾客能看懂想要传递信息。

符合顾客的购物心理和浏览行为，友好的顾客体验。只有用户认可的、舒适的感受，才会创造更好的浏览轨迹，顾客才会继续看，在页面上停留更长的时间，同时会增加对产品、品牌的好感度。

有吸引力的图片、元素、氛围等,提升用户在页面停留时间和访问深度,减少跳失,提升订单转化率。

2. 图像在电商网页中的作用

图像在电商网页,特别是网店中具有非常重要的部分,视觉冲击力相对文字要强很多。它能够在瞬间吸引顾客的注意,让他们知道产品的基本信息。在多媒体的世界,它的作用比文字要大。在网店中优秀的产品图像更是增加浏览量和促进购买的关键。应使图片在视觉信息传达上能辅助文字,帮助理解。因为图片能具体而直接地把信息内容高素质、高境界地表现出来,使本来平淡的事物变成强而有力的诉求性画面,体现出更强烈的创造性。图片在版面构成要素中,充当着形成独特画面风格和吸引视觉关注的重要角色,具有烘托视觉效果和引导阅读两大功能。

3. 视觉营销对网页图像制作提出的要求

电商网页中图像除了网店 LOGO、按钮、横幅广告 banner 外,更常见的主要有广告图、产品主图、实拍图等,如何打造和美化这些图片,使之符合营销要求呢?

(1) 对于广告图的要求

一个网店的广告图是为网店的推广服务的,一般都包括产品海报、焦点图、促销海报、直通车图片等。做好了这些图,你的推广费从此不再打水漂。首先要主题明确,不要出现多个主题混乱的现象;其次,风格切忌挂羊头卖狗肉,简单的说就是表里如一;构图忌讳的是整齐划一、主次不分、中规中矩;最后就是细节了,细节决定成败,一切的效果都要在细节中实现。如图 1-4-1 所示。

图 1-4-1 问题广告图

(2) 对于产品主图的要求

一张好的宝贝主图能很大程度上激发消费者的购买欲望,主图有时可以放品牌 LOGO、产品价格(如:2 折、仅 9.9 元等)、促销词汇(如:包邮送礼、仅限今天等)等内容。但只要图片在处理的过程中增加了文字,就有图片牛皮癣之嫌。图片牛皮癣按照严重程度分为轻微不明显、轻微明显、严重三挡。判断的根据是商品主图不影响视觉观赏,文字描述不突出,不超过图片的视觉效果。当然为防止盗图,不影响观赏性的水印是允许添加的。

在淘宝网,系统将以主图是否有牛皮癣作为搜索展现的重要权重,来恢复主图的美观形象。主图的设计优美能给卖家带来一定的流量和转化率。如图 1-4-2、1-4-3 所示。

图 1-4-2 主图案例

图 1-4-3 创意主图案例

（3） 对于实拍图的要求

面对实拍图买家会有这样的要求：图片要是实物拍摄图；细节图要清楚展示；颜色不能失真，要有相关的文字说明；图片打开的速度不能太慢；图片要清楚等，这些问题都是买家平时关注的。此外，卖家在展示产品实拍图时要关注买家的需求，如图 1-4-4 所示。

图 1-4-4 商品细节图

（4） 其他对于图片的要求

1） 图片符合消费者审美需求。当电商网站或品牌的风格已确定，我们需要明确产品所对应的消费者的特点,研究产品图片是否符合当前消费者的审美,是否与消费者相符。通过了解产品价格与消费群体的关系,熟悉这类型消费者的审美特点,就能选择合适的图片,进行展示。

  2) 买家秀图片。网络交易,是在没有看到实物前提下的交易,他们存在距离感与恐惧感。要达成交易,我们就要尽量消除顾客的距离感与恐惧感。买家秀图片能更好地解决该问题。此类图片可以让顾客们清楚知道普通人穿上的效果,能更好地促进消费者的购买行为。

  如何拍摄买家秀图片呢?有些店主直接让员工穿上自己的服装,就随意拍几张照片放到网站上。这样的做法可能会阻碍产品销售,而不是起促进作用。因为,有时这些照片让人感觉像产品是市场上的次品。有条件的买家秀图片会选择专业的摄影师,将光线与场景布好,然后选择表现能力好的模特进行拍摄。照片出来后,再由图像制作人员根据需要进行后期处理,比如让图片符合主题气氛进行色彩调整或裁切等等。这时,我们就可以将图片用到网页上了。当然由于图片经过了修调等处理,我们在浏览网页时经常能看到类似"我们所卖的物品均为实物拍摄,但难免会因灯光或显示器等原因出现略微色差,宝贝颜色一律以实物为准"的说明来提醒消费者。如图1-4-5所示。

图1-4-5 买家秀模特拍摄图

  3) 具有时尚趋势指向的图片。很多网店的描述是这样写的:"该服装时尚潮流,是今年最流行的最新款式,品味女性的必备服饰"。如果我们是一名顾客,我们会被这样的描述而吸引吗?很显然,我们购买服装的时候通常会忽略这样的文字。这类型的文字通常是设计师排版时为了构图好看而硬搬上去的。我们如何才能真正体现我们的服装是时尚潮流的呢?这时,时尚趋势指向组合图就能起到作用了。一些聪明的卖家会这样做:他们会海量地搜索网络上今年最流行的服装图片,包括一些明星今年最新穿过的服装图片。通过筛选整理,找出与我们目前产品最接近的款式图片。然后将该图片粘贴在我们的产品旁边,并加以描述。这样的组合图片,让您的产品具有时尚趋势指向性,增强顾客对我们产品信任感。如图1-4-6所示。

  4) 具有功能介绍的实物图/静物图。除了前面展示产品的模特图外,我们往往还需要展示功能性的实物图来加强说服力。如果您能将实物图/静物图展示功能性的一面,将能打动消费者的内心世界。例如,如果是运动服,通过静物图展示服装透气性、吸汗性、耐穿性、不掉色等的功能。如果是羽绒服,则展示服装的保暖性、羽绒含量、做工精细度等功能。另外,有时候可以将服装剖开,分析服装的组成。通过种种的方法展示服装的优势所在,促进消费者的购买欲望。

5) 图文结合的图片。有些店主在宝贝描述页内,仅仅简单地摆放几张模特图与实物图。页面显得非常地单薄与空洞,没有着重点。消费者打开页浏览一下后,就不会继续往下看了。如果能用简单的文字在图片上注明产品的特色,就会有力地留住顾客,仅摆几张枯燥的图片,会显得非常不专业。如图1-4-7所示。

图1-4-6 时尚街拍图

图1-4-7 图文结合

## 四、任务实施

1. 请你根据视觉营销的相关法则,说明下列案例图中视觉营销的优、劣性。见图1-4-8~图1-4-11。

图1-4-8 案例(1)

图1-4-9 案例(2)

图 1-4-10　案例（3）

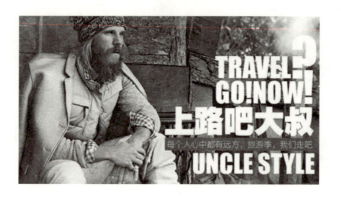

图 1-4-11　案例（4）

### 五、思考与练习

1. 什么是视觉营销，它有什么重要性？
2. 视觉营销对网页图像制作有什么要求？

## 1.5　本章小结

本章学习了数字图像的基本概念、关于颜色的基本常识、关于平面构图的基本常识，以及图像的视觉营销相关概念。

学习完本章之后，我们应该能够：（1） 区分和选择常见数字图像类型；（2） 理解像素及分辨率的含义，会查看图像文件的像素、分辨率等信息；（3） 熟悉 RGB、CMYK 等常见的颜色的数字表示方式，并根据场合进行选用；（4） 熟悉颜色的心理感觉含义，并能够根据颜色的心理特征来进行初步的图像配色；（5） 了解平面构成的要素，能够根据平面构成的形式法则对网页图像进行初步的构图设计选择；（6） 了解视觉营销的基本概念，能够在电商网页图像制作时从视觉营销的角度去考虑问题。

# 第 2 章

# 熟悉 Photoshop 界面环境

　　Photoshop（简称 PS），是一个功能强大的图像设计、制作、处理软件，是电子商务网页图像制作的常用工具。在运用 Photoshop 之前，首先要熟悉 Photoshop 工作界面的组成、系统的优化设置及文件的基本操作等。掌握这些基本知识，将有利于对该软件的整体了解和学习。

## 2.1　Photoshop 产品简介

| 教学目标 | 1. 了解 Photoshop 软件特点；<br>2. 了解 Photoshop 主要版本各自特点。 |
|---|---|

### 一、任务引入

　　Photoshop 软件在功能上集合了图像设计、编辑、合成，以及高品质输出功能于一体，具有十分完善而强大的功能，是迄今为止世界上最畅销的图像编辑软件之一。它已成为许多涉及图像处理的行业的标准。无论是平面设计师、网页设计师、电脑印前人员，还是数码摄影师、多媒体设计师、3D 设计师，甚至家庭用户，对于任何有图像处理需要的人们，Photoshop 都可以满足他们的要求。下面将介绍 Photoshop 的软件特点和发展历史、版本简介。

### 二、任务分析

　　Adobe Photoshop，简称"PS"，是由世界领先的数字媒体和营销解决方案供应商——美国 Adobe 公司开发和发行的优秀的图像处理软件。它的理论基础是色彩学，通过对图像中各像素的数字描述，实现了对数字图像的精确调控。使用其众多的编修与绘图工具可以有效地进行图片编辑工作。可支持多种图像格式和色彩模式，能同时进行多图层处理，它的选择工具、图层工具、滤镜工具能使用户得到各种手工处理或其他软件无法得到的图像效果。此外，Photoshop 还具有开放式的结构，能兼容大量的图像输入设备，如扫描仪和数码相机等。该软件在图像、图形、文字、视频、出版等各方面都有涉及。为了便于我们对该软件的学习，下面来了解它的特点和版本简介。

### 三、相关知识

#### 1. Photoshop 软件特点

（1）支持多种图像格式

　　Photoshop 支持的图像的图像格式包括 PSD、EPS、DCS、TIF、JEPG、BMP、PCX、FLM、PDF、PICT、GIF、PNG、IFF、FPX、RAW 和 SCT 等多种，利用 Photoshop 可以将某种格式的图像另存为其他格式，以达到特殊的需要。

（2）支持多种色彩模式

　　Photoshop 支持的色彩模式包括位图模式、灰度模式、RBG 模式、CMYK 模式、Lab 模式、索引颜色模式、双色调模式和多通道模式等，并且可以实现各种模式之间的转换。

　　此外，利用 Photoshop 还可以任意调整图像的尺寸、分辨率及分布大小，既可以在不影响分辨率的情况下调整图像尺寸，又可以在不影响图像尺寸的情况下增减分辨率。

（3）强大的图像选取功能

Photoshop 提供了强大的选取图像范围的功能，利用矩形、椭圆面罩和套取工具，可以选取一个或多个不同尺寸、形状的选取范围。磁性套索工具可以根据选择边缘的像素反差，使选取范围紧贴要选取的图像，利用魔术棒工具或颜色范围命令可以根据颜色来自动选取所要部分，配合多种快捷键的使用，可以实现选取范围的相加、相减和反选等效果。

（4）提供各种编辑操作

Photoshop 可以对图像进行各种编辑，如移动、复制、粘贴、剪切、清除等；如果在编辑时出了错误，还可以进行撤销和恢复；Photoshop 还可以对图像进行任意的旋转和变形，例如按固定方向翻转或旋转。

（5）提供对图像色调和色彩的全方位处理

Photoshop 可以对图像进行色调和色彩的调整，使色相、饱和度、亮度、对比度的调整变得简单容易；Photoshop 可以单独对某一选取范围进行调整，也可以对某一种选定颜色进行调整，使用色彩平衡倒序可以在彩色图像中改变颜色的混合，使用色阶和曲线命令可以分别对图像的高光，暗调和中间调部分进行调整，这是传统的绘画技巧难以达到的效果。

（6）提供各种绘画功能

Photoshop 提供了绘画功能，使用喷枪工具、笔刷工具、铅笔工具、直线工具可以绘制各种图形；通过自行设定的笔刷形状、大小和压力可以创建不同的笔刷效果；利用渐变工具可以产生多种渐变效果；加深和减淡工具可以有选择地改变图像的曝光度。

（7）提供创建各种图层及图层效果

使用 Photoshop 用户可以建立普通图层、背景层、文本层、调节层等多种图层，并且方便地对各个图层进行编辑。用户可以对图层进行任意的复制、移动、删除、翻转、合并和合成，可以实现图层的排列，还可以应用添加图层样式为图层添加特殊效果。调整图层可在不影响图像的同时，控制图层的透明度和饱和度等图像效果。文本层可以随时编辑图像中的文本。用户还可以对不同的色彩通道分别进行编辑，利用蒙版可以精确地选取范围，进行存储和载入操作。

（8）提供功能强大的滤镜特效库

Photoshop 提供了近百种各不相同的滤镜，用户可以利用这些滤镜实现各种特殊效果，如利用风滤镜可以增加图像动感，利用浮雕滤镜制作浮雕效果，利用油画滤镜可以逼真地处理出油画效果等。

2. Photoshop 各系列版本简介

（1）Photoshop 的发展历史

Photoshop 的主要设计师 Thomas knoll 的爸爸 Glenn Knoll 是密歇根大学教授，同时也是一位摄影爱好者。他的两个儿子 Thomas 和 John（如图 2-1-1 所示）从小就跟爸爸玩暗房，但 John 似乎对当时刚刚开始流行的个人电脑更感兴趣。此后，Thomas 也迷上了个人电脑，并在 1987 年买了一台苹果电脑（mac plus）用来撰写博士论文。

Thomas 发现当时的苹果电脑无法显示带灰度的黑白图像，因此他自己编写了一个程序——Display。而他的兄弟 John 这时在《星球大战》导演 Lucas 的电影特殊效果制作公司 Industry Light Magic 工作，他对 Thomas 的程序很感兴趣。两兄弟在此后的一年多把 Display

不断修改为功能更强大的图像编辑程序，经过多次改名后，在一个展会上他们接手了一个参展观众的建议把程序名改为 Photoshop。此时的 Display/Photoshop 已经有了 Level、色彩平衡、饱和度等功能。此外，John 还编写了一些小程序，后来成为插件（Plug-in）的基础。

图 2-1-1　Photoshop 主要设计师诺尔兄弟（左 Thomas·Knoll、右 John·Knoll）

他们第一个商业销售是把 Photoshop 交给一个扫描仪公司搭配卖，名字叫做 Barneyscan XP，版本是 0.87，与此同时，John 继续找其他买家，包括 SuperMac 和 Aldus，但都没有成功。最终他们找到了 RussellBrown——Adobe 的艺术总监。看过 Photoshop 后，他认为 Knoll 兄弟的程序非常有前途。在 1988 年 8 月他们口头决定合作，而真正的法律合同到次年 4 月才完成。

经过 Thomas 和其他 Adobe 工程师的努力，Photoshop1.0.7 版本于 1990 年 2 月正式发布。John Knoll 也参与了一些插件的开发。第一个版本只有一个 800KB 的软盘（Mac）。

Photoshop2.0 其重要功能包括支持 Adobe 矢量编辑软件 Illustrator 文件、Duotones 和 Pentool（钢笔工具）；最低内存需求从 2MB 增加到 4MB，这对提高软件稳定性有着非常大的影响。从这个版本开始，Adobe 决定开发支持 Windows 的版本，代号为 Brimstone，而 Mac 版本为 Merlin，这个版本增加了对 Palettes 和 16-bit 文件支持。

3.0 版本的重要新功能是 Layer（图层），Mac 版本于 1994 年 9 月发布，而 Windows 版本在当年 11 月发行。尽管当时有另外一款软件——Live Picture 也支持 Layer 的概念，而且当时也有传言称 Photoshop 的工程师抄袭了 Live Picture 的概念，但实际上 Thomas 很早就开始研究 Layer 的概念了。

4.0 版本的主要改进就是用户界面，Adobe 在此时决定把 Photoshop 的用户界面和其他 Adobe 产品统一化，此外程序使用流程也有所改变。一些老用户对此有抵触，甚至一些用户到在线网站上面抗议。但经过一段时间后，他们还是接受了新改变。Adobe 这时意识到 Photoshop 的重要性。他们决定把 Photoshop 版权买断，Knoll 兄弟为此赚了多少钱的细节无法得知，但一定不少。

5.0 版本引入 History（历史）的概念，这和一般 Undo 不同，在当时引起业界的欢呼。色彩管理也是 5.0 的一个新增功能，尽管当时引起了一些争议，但此后被证明这是 Photoshop 历史上的一次重大改进。5.0 版本于 1998 年 5 月正式发布。

1999 年 Adobe 又一次发行了 X.5 版本，这次是 5.5 版本，主要增加了支持 Web 功能和包含了 Image Ready2.0。

在 2000 年 9 月发行的 6.0 版本，主要改进了其他 Adobe 工具的兼容性。

7.0 版本增加了 Healing brush 等图片修改工具，还增加了一些基本的兼容数码相机的功能，如 EXIF 数据，文件浏览器等。

Photoshop 之所以能取得成功，与其精准的定位和适时地改进有着紧密关系。随着全球电脑的普及，Photoshop 逐渐推出了多国语言的版本。例如，Adobe 公司推出了 Photoshop5.02 中文版，并且开通了中文站点，成立了 Adobe 中国公司。Photoshop 一开始的良好市场定位，亦为其成为行业霸主奠定了良好基础。

（2） Photoshop CS 系列版本

2003 年 9 月，Adobe 再次给 Photoshop 用户带来惊喜，新的版本不再延续原来的叫法称之为 Photoshop8.0，而是改称为 Photoshop Creative Suite 简称"CS"，开发代号 Dark Matter（暗物质）。CS 版本把原来的原始文件插件进行改进并成为 CS 的一部分，更多新功能为数码相机而开发，如智能调节不同区域亮度、镜头畸变修正、镜头模糊滤镜等。

2005 年 Adobe CS2 发布，开发代号 Space Monkey（太空猴）。Photoshop CS2 是对数字图形编辑和创作专业工业标准的一次重要更新。它将作为独立软件程序或 Adobe Creative Suite 2 的一个关键构件来发布。Photoshop CS2 引入强大和精确的新标准，提供数字化的图形创作和控制体验。

2006 年 Adobe 发布了一个开放的 Beta 版 Photoshop Lightroom，这是一个巨大的专业图形管理数据库。应用 Photoshop 的造假在这一时期开始泛滥。当然，女性朋友们更喜欢用 Photoshop 将自己 PS 的光鲜亮丽。

2007 年 Photoshop Lightroom 1.0 正式发布了。Photoshop CS3 在同年也如期而至，开发代号 Red Pill（红色药丸）。本次新品发布是 Adobe 公司历史上最大规模的一次。CS3 套装软件分为 6 个不同版本，总计包含 17 个新版设计软件，其中首次包括了最著名的原 Macromedia 网页三剑客产品。Creative Suite 3 套装的 6 个版本包括设计高级版（Design Premium）、设计标准版（Design Standard）、Web 高级版（Web Premium）、Web 标准版（Web Standard）、产品高级版（Product Premium）和大师典藏版（Master Collection）。各版本具体包含的组件各不相同，某些组件和服务还由各版本共享。CS3 中除了 Onlocetion CS3 和 Ultra CS3 两个组件外，其余组件均原生支持苹果电脑，其中 Onlocetion CS3 则需要 BootCamp 支持。

2008 年 Adobe 发布了基于闪存的 Photoshop.com 应用，提供有限的图像编辑和在线存储功能。同年 Photoshop Lightroom 2.0 发布，加入 64 位操作，多监视器支持等。

Photoshop CS4 在 2008 年也如期发布，代号 Stonehenge（巨石阵）。当然这次 Photoshop 不再孤单。2008 年 9 月 23 日，Adobe 公司宣布推出业界的里程碑产品 Adobe Creative Suite 4 产品家族。该产品能够应用于所有创意工作流，是业内领先的设计和开发软件。通过工作流的根本性突破，消除了设计师和开发工作者之间的壁垒。新的 Creative Suite 4 产品线包含数百个创新功能，全面推进了印刷、网络、移动、交互、影音视频制作的创意过程。该产品把整个产品线的 Flash 技术提升至整合力与表现力的新高水平，是 Adobe 迄今为止最大规模的软件版本，内容包括 Adobe Creative Suite 4 Design editions、Creative Suite 4 Web editions、Creative Suite 4 Production Premium、Adobe Master Collection，以及 13 个基础产品、14 项整合技术和 7 种服务。

2010 年 4 月 Adobe 推出了 Photoshop CS 5 版本，软件中增加了很多动人的新增功能。软件的界面与功能的结合更加趋于完美，各种命令与功能不仅得到了很好的扩展，还最大限度地为用户的操作提供了简捷、有效的途径。在 Photoshop CS5 中增加了轻松完成精确选择、内容感知型填充、操控变形等功能外，还添加了用于创建、编辑 3D 和基于动画的内容的突破性工具。

Adobe 在 2012 年 3 月 23 日发布了 Photoshop CS 6 测试版。2012 年 4 月 24 日发布了 Photoshop CS 6 正式版。这是 AdobePhotoshop 的第 13 代产品，是一个较为重大的版本更新。Photoshop 在前几代加入了 GPUOpenGL 加速、内容填充等新特性，此代会加强 3D 图像编辑，采用新的暗色调用户界面，还有整合 Adobe 云服务、改进文件搜索等。Photoshop CS 6 相比前几个版本，不再支持 32 位的 MacOS 平台，Mac 用户需要升级到 64 位环境。

在 Photoshop CS 6 中整合了其 Adobe 专有的 Mercury 图像引擎，通过显卡核心 GPU 提供了强悍的图片编辑能力。Content-Aware Patch 帮助用户更加轻松方便地选取区域，方便用户抠图等操作。Blur Gallery 可以允许用户在图片和文件内容上进行渲染模糊特效。Intuitive Video Creation 提供了一种全新的视频操作体验。

2015 年 6 月 16 日，Adobe 旗下设计套件 Adobe Creative Cloud 2015 最新版正式发布，最新版本包括一系列桌面排版工具的重大更新，包括 Photoshop CC（如图 2-1-2 所示）、Illustrator CC、Premiere Pro CC 、InDesign CC 等。

图 2-1-2 Photoshop CC 2015 版本启动界面

Adobe CC 2015 中新增了 Adobe Stock 服务。新服务被集成到了所有 CC 应用中，供用户访问 Stock 照片；另外，iOS 和安卓版应用也获得了更新。其中 iOS 平台增加了全新移动应用 Adobe Hue,可利用这款应用从照片中提取颜色，并将其添加至自己的 Creative Cloud 库中。

与 CS 系列相比，Adobe Creative Cloud 套件的核心变化是 CreativeSync 功能的加入。利用 CreativeSync，用户所使用资源在任何时间和地点都可以轻松获取。

### 四、思考与练习

1. Photoshop 软件有哪些特点？
2. 面对如此功能强大的软件，你有什么学习计划？

## 2.2 Photoshop CC 的安装与配置

| 教学目标 | 1. 了解安装 Photoshop CC 的软硬件要求；<br>2. 会进行 Photoshop 软件的安装和配置。 |
|---|---|

### 一、任务引入

2015 年 6 月 16 日，Adobe 旗下设计套件 Adobe Creative Cloud 2015 最新版正式发布，最新版本包括一系列桌面排版工具的重大更新，包括 Photoshop CC、Illustrator CC、Premiere Pro CC、InDesign CC 等。除了日常的 Bug 修复之外，还针对其中的 15 款主要软件进行了功能追加与特性完善，而其中的 Photoshop CC 2015 正是这次更新的主力。下面我们赶快来学习这款软件吧。

### 二、任务分析

开始学习软件之前，需要掌握该软件的安装与配置方法，接下来介绍 Photoshop CC 的安装与配置方法。

### 三、相关知识

1. Photoshop CC 安装要求

（1）在 Windows 环境下安装 Photoshop CC 的系统要求

处理器：INTEL®PENTIUM® 4 或 AMD ATHLON® 64 处理器（2GHZ 或更快）；

系统要求：Microsoft® Windows® XP（装有 Service Pack 3）或 Windows 7（装有 Service Pack 1）及以上操作系统，Windows XP 不支持 3D 功能和某些 GPU 启动功能；

磁盘空间：2.5GB 的可用硬盘空间以进行安装；安装期间需要额外可用空间（无法安装在可移动储存设备上），1024X768 显示器（建议使用 1280X800），具 OPENGL®2.0、16 位色和 4GB 的显存（建议使用 8GB）；

支持 OpenGL（Open Graphics Library）2.0 开放图形库系统；

DVD-ROM 驱动器；

该软件使用前需要激活。软件激活、订阅验证和访问在线服务需要宽带网络连接和注册，不能用电话激活。

（2）在 Mac OS 系统下安装 Photoshop CC 的环境要求

处理器：Intel 多核处理器（支持 64 位）；

系统要求：MAC OSX V10.7 或 V10.8 版，当安装在基于 Intel 的系统中时，Adobe Creative Suite3、4、5、CS5.5 以及 CS6 应用程序支持 Mac OS X Mountain Lion（v10.8）；

磁盘空间：2GB 可用硬盘空间用于安装，安装过程中需要额外的可用空间（无法安装在使用区分大小写的文件系统的卷或可移动闪存设备上），1024×768 分辨率（建议使用 1280×800），具 OPENGL®2.0、16 位色和 4 GB 的显存（建议使用 8GB）；

支持 OpenGL（Open Graphics Library）2.0 开放图形库系统；

DVD-ROM 驱动器；

该软件使用前需要激活。软件激活、订阅验证和访问在线服务需要宽带网络连接和注册，不能用电话激活。

> **提示：**
>
> Photoshop CC 支持 32 位和 64 位操作系统，建议用户在 64 位操作系统中安装 64 位的 Photoshop CC。在 32 位操作系统中 Photoshop CC 将不支持视频功能。

### 2. Adobe Photoshop CC 2015 的新增功能

（1）新增"防抖"滤镜

在 Photoshop CC 中新增了"防抖"滤镜。通过该滤镜可以自动减少由于相机运动而产生的图像模糊，无论是由于慢速快门、还是长焦距造成的模糊，该功能都能够通过分析曲线来恢复其清晰度。执行"滤镜"→"锐化"→"防抖"命令，弹出"防抖"对话框，在该对话框中可以对该滤镜的相关选项进行设置。

（2）新增"隔离图层"功能

Photoshop CC 中新建了隔离层的功能。用户可以在复杂的层结构中建立隔离层，这是一个神奇的简化设计者工作的新方法。在相应图层的图像编辑窗口中单击鼠标右键，在弹出的快捷菜单中选择"隔离"→"图层"命令，即可得到隔离层。隔离图层功能可以让用户在一个特定的图层或图层组中进行工作，而不用看到所有的图层。

（3）改进调整图像大小功能

Photoshop CC 中对"图像大小"对话框进行了改进，保留细节重新采样模式可以将低分辨率的图像放大，使其拥有更优质的印刷效果，或者将一张大尺寸图像放大成海报或广告牌的尺寸。改进的图像提升采样功能，可以保留图像细节并且不会因为放大而产生噪点。执行"编辑"→"图像大小"命令，弹出"图像大小"对话框，在"重新采样"下拉列表中选择"保留细节（扩大）"选项，可以在放大图像时提供更好的锐度。

（4）增强修改形状功能

在 Photoshop CC 中，用户可以重新改变形状的尺寸，并且可以重复编辑，无论是在创建前还是在创建后，甚至可以随时改变圆角矩形的圆角半径值。在"图层"面板中选中需要调整的形状图层，在"属性"面板中即可对该形状图形进行调整，例如选中圆角矩形形状，在"属性"面板中不但可以对该圆角矩形的宽度、高度等属性进行设置，还可以分别设置圆角矩形 4 个角的圆角半径值。

（5）增强选择多个路径功能

在 Photoshop 以前的版本中，当创建多个矢量图形并选中时，在"路径"面板中一次只能选择一个路径层，而 Photoshop CC 则提供了路径的多重选择功能。当选择矢量图形路径时，在"路径"面板中将显示这些路径层，该功能大大方便了对多个路径同时进行操作，从而提高工作效率。

（6）增强 3D 绘画功能

在 Photoshop CC 中提供了多种增强功能，可以让用户在绘制 3D 对象时实现更精确的控制和更高的准确度。

（7）改进的 3D 面板

在 Photoshop CC 中对 3D 面板进行了改进，全新的 3D 面板可以使用户能够更加轻松地处理 3D 对象。改进的 3D 面板效仿"图层"面板，被构建为具有根对象和子对象的场景图/树。

（8）增强"智能锐化"滤镜

在 Photoshop CC 中增强了"智能锐化"滤镜的功能，采用自适应锐化技术可以最大程度地降低杂色和光晕效果，从而使图像获得高质量的锐化结果。"智能锐化"滤镜是当下非常先进的锐化技术，该滤镜会分析图像，将清晰度最大化并同时将噪点和色斑最小化。执行"滤镜"→"锐化"→"智能锐化"命令，弹出"智能锐化"对话框，在该对话框中可以对相关选项进行设置。

（9）增强"最小值"和"最大值"滤镜

在 Photoshop CC 中增强了"最小值"和"最大值"滤镜功能，用户在使用"最小值"和"最大值"滤镜时设置的半径值可以精确到小数，并且可以在"保留"下拉列表中选择需要的方正度或圆度。执行"滤镜"→"其他"→"最小值"或执行"滤镜"→"其他"→"最大值"命令，可以弹出"最小值"对话框和"最大值"对话框，在其中可以对相关选项进行设置。

（10）将 Camera Raw 集成到滤镜中

在 Photoshop CC 中将 Adobe Camera Raw 集成到"滤镜"菜单中，用户可以对 Photoshop 文档中的任何图层或选区中的图像使用 Camera Raw 调整。执行"滤镜"→"Camera Raw 滤镜"命令，即可弹出 Camera Raw 对话框。

（11）新增 Camera Raw"径向滤镜"工具

在 Photoshop CC 的 Camera Raw 中新增了"径向滤镜"工具，使用该工具可以在图像上创建出椭圆形的区域，然后将局部校正应用到所创建的椭圆形区域中，可以实现多种效果，就像所有的 Camera Raw 调整效果一样，都是无损调整。

（12）新增 Camera Raw 垂直功能

在 Photoshop CC 的 Camera Raw 对话框中新增了垂直功能，可以通过使用自动垂直功能轻松地修改扭曲的透视，并且可以通过多个选项来修复透视扭曲的照片。在 Camera Raw 对话框中打开"镜头校正"面板，切换到"手动"选项卡中，在该选项卡中可以通过单击相应的按钮自动校正照片中元素的透视效果。

（13）增强 Camera Raw"污点去除工具"

在 Photoshop CC 中增强了 Camera Raw 中的"污点去除工具"功能，新的"污点去除工具"与"修复画笔工具"类似，使用"污点去除工具"在图像的某个元素上进行涂抹，Camera Raw 会自动选择图像中的源区域进行修复。

（14）与 Adobe Creative Cloud 同步设置

Photoshop CC 经常更新功能和版本，用户可以将 Photoshop CC 中与 Adobe Creative

Cloud 进行同步设置，从而使不同计算机的设置保持一致。单击 Photoshop CC 状态栏上的"同步设置"按钮，在弹出选项中单击"立即同步设置"按钮，将 Photoshop CC 与 Adobe Creative Cloud 同步。执行"编辑"→"首选项"→"同步设置"命令，弹出"首选项"对话框并自动切换到"同步设置"选项设置界面中，可以设置与 Adobe Creative Cloud 同步设置选项。

（15）多画板支持

对多画板的支持填补了 Photoshop 作为 UI 和 Web 设计的主力军在这一功能的空白，用户可以自由地同时创建多个画板进行工作。

## 四、任务实施

### 1. 配置 Photoshop CC 的运行环境

Adobe Photoshop CC 的安装过程比较简单，用户只需在执行安装程序后，按照操作提示进行安装即可。完成安装后双击桌面的快捷方式图标，即可快速地启动 Photoshop CC 应用程序，也可以通过"开始"→"程序"中打开软件。

在使用 Photoshop 之前，一般我们会按照自己的喜好和习惯调整各种设置。这里就以 Photoshop CC 为例介绍相关的软件首选项设置，其中大部分设置也适用于其他版本的 Photoshop。

在 Photoshop 中选择菜单"编辑"→"首选项"→"常规"命令，即可进入 Photoshop 的首选项设置界面，直接按"Ctrl+K"组合键也可以，如图 2-2-1 所示。

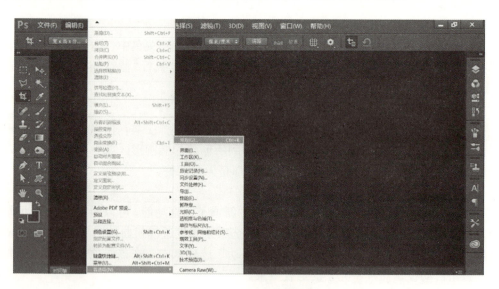

图 2-2-1　Photoshop 首选项

（1）内存/暂存盘等设置

处理图片需要比较大的内存才能保证速度，所以我们需要确保 Photoshop 有足够的内存来保存大量数据，具体数值可以根据你的内存容量而定，在 Photoshop 首选项中的"暂存盘"选项卡中进行设置，如图 2-2-2 所示。

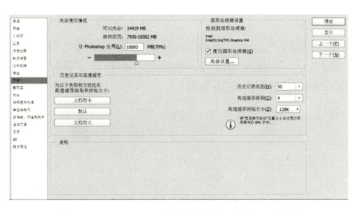

图 2-2-2　Photoshop 首选项中的"性能"选项卡

"性能"选项卡可以进行内存和历史记录等设置。为了在进行一个大项目时可以回到以前操作的某一步，这个值默认是 20。我们可以把它调大一些，让 Photoshop 会尽可能地将我所有做过的操作都记录下来，当然这也会占用一定的存储空间，如图 2-2-3 所示。

图 2-2-3　Photoshop 首选项中的"暂存盘"选项卡

（2）单位标尺的设置

在 Photoshop 首选项的"单位与标尺"选项卡中，可以设置标尺、文字等的单位如"像素""英寸""毫米"等，可以设置新文档的预设分辨率等，如图 2-2-4 所示。

图 2-2-4　Photoshop 首选项中的"单位与标尺"选项卡

(3) 设置绘画光标

在 Photoshop 首选项的"光标"选项卡中,可以设置绘图光标的格式,如设置为使用"正常画笔笔尖"的光标,并显示十字线,如图 2-2-5 所示。你也许会想试试其他光标,可以逐个选择尝试一下,看看哪种最适合自己。

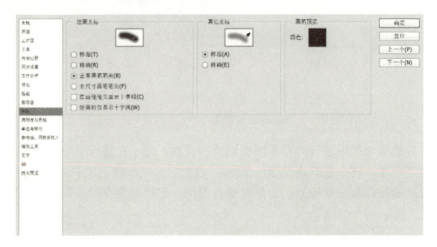

图 2-2-5　Photoshop 首选项中的"光标"选项卡

## 五、思考与练习

1. Photoshop CC 安装要求有哪些?
2. Photoshop CC 有哪些新增功能让你印象深刻?

# 2.3　Photoshop CC 的工作界面

| 教学目标 | 熟悉 Photoshop 工作界面,掌握菜单、选项卡、工具箱、控制面板等的基本操作。 |
| --- | --- |

## 一、任务引入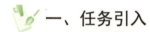

友好的工作界面可以激发设计者的创作灵感,Photoshop CC 的工作界面在原有的基础上进行了创新,许多功能更加界面化和按钮化,使设计者使用更加便捷。

## 二、任务分析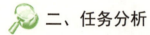

Photoshop CC 的工作界面主要有菜单栏、工具选项卡、工具箱、浮动控制面板、图像编辑窗口、状态栏组成,下面对各个部分进行介绍。

## 三、相关知识

### 1. Photoshop CC 的工作界面

启动 Photoshop CC 后，计算机屏幕上会显示出软件的工作界面，如图 2-3-1 所示。

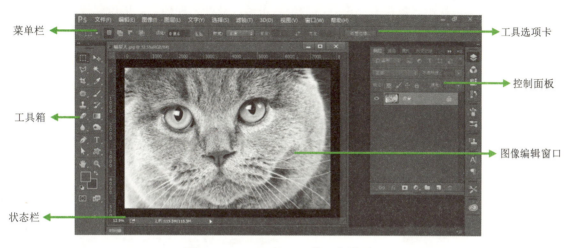

图 2-3-1　Photoshop CC 的工作界面

### 2. 菜单栏

Photoshop CC 的菜单栏位于整个窗口的顶端，由文件、编辑、图像、图层、选择、滤镜、文字、3D、视图、窗口和帮助 11 个菜单命令组成，如图 2-3-2 所示。它相对于以前的版本，有较大的变化，即标题栏和菜单栏合并在一起。另外，如果菜单中的命令呈现灰色，则表示该命令在当前编辑状态下不可用；如果菜单命令右侧有一个三角形符号，则表示此菜单中包含有子菜单，将鼠标指针移动到该菜单上，即可打开该子菜单；如果菜单命令右侧有省略号"…"，在执行此菜单命令时将弹出与之有关对话框。

单击任意一个菜单都会弹出其包含的命令，Photoshop CC 中的绝大部分功能都可以利用菜单栏中的命令来实现。菜单栏的右侧还显示控制文件窗口的最小化、最大化（还原窗口）、关闭窗口等几个快捷按钮。

图 2-3-2　菜单栏

### 3. 工具选项卡

工具选项卡位于菜单栏的下方，主要用于对所选工具属性进行设置，其显示内容会根据用户所选不同的工具而改变。在工具箱中选中工具后，多数情况下还需要在工具选项卡中对所选工具的参数进行设置，以达到更佳的实用效果。如：选择工具箱中的矩形选框工具，选项卡中就会出现与矩形选框工具相关的参数设置，如图 2-3-3 所示。

图 2-3-3　"矩形选框工具"选项卡

4. 工具箱

工具箱位于工作界面的左侧，包含 50 多个工具，如图 2-3-4 所示。要使用工具箱中的工具，只需单击工具按钮即可在图像编辑窗口中使用。

用户可根据不同需求将工具箱变为单栏或双栏显示。控制工具箱伸缩性功能的是工具箱最上面呈灰色显示区域，其左侧有两个小三角形，被称为伸缩栏。单击此按钮，即可实现工具箱的伸缩控制。若在该工具按钮的右下角有一个小三角形，表示该工具按钮内还包含其他工具，在工具按钮上单击鼠标左键，即可弹出所隐藏的工具，如图 2-3-5 所示。

图 2-3-4　工具箱

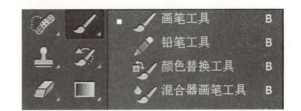

图 2-3-5　显示隐藏的工具

5. 状态栏

状态栏位于编辑窗口的最底部。用于显示当前所编辑图像的参数值，及当前文档图像的相关信息。主要由显示比例、文件大小、内存使用率、操作运行时间、当前工具等提示信息。

状态栏左侧的数值是图像编辑窗口的显示比例，单击该数值可在编辑框中输入图像显示比例的数值后按 Enter 键，图像即可按照设置的比例显示。

状态栏的右侧显示的是图像文件信息，单击文件信息右侧的三角形按钮，即可弹出菜单，用户可以根据需要选择相应选项，如图 2-3-6 所示。

6. 浮动控制面板

浮动控制面板位于工作界面的右侧，用户可以进行分离、移动和组合操作。它主要对当前图像的颜色、图层、样式及相关的操作进行设置。默认情况下，浮动面板包括 7 种：图层、通道、路径、颜色、色板、调整和样式。

用户若要选择某个浮动面板，单击浮动面板窗口中相应标签；若要隐藏某个浮动面板，可选择"窗口"菜单中带标记的命令，如图 2-3-7 所示。

第 2 章　熟悉 Photoshop 界面环境

图 2-3-6　状态栏

图 2-3-7　状态栏

### 7. 图像编辑窗口

图像编辑窗口在 Photoshop CC 工作界面的中间，在该窗口中实现所有操作功能，灰色区域即为图像编辑工作区。当打开一个文档时，工作区中将显示该文档的图像窗口，图像窗口是编辑的主要工作区域，图形的绘制或图像的编辑都在此区域中进行。

此外，可以对图像窗口进行多种操作，如改变窗口大小和位置等。当新建或打开多个文件时，图像标题栏的显示呈灰色时，即为当前编辑窗口，如图 2-3-8 所示。此时所有操作将只对该图像进行编辑，若想对其他图像编辑，需用鼠标单击进行切换。

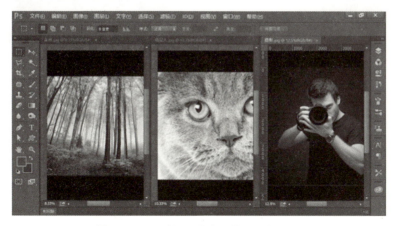

图 2-3-8　同时打开多个文件的工作界面

## 四、任务实施

1. 进行自定义工作面板的操作

Photoshop CC 有多个面板，每个面板都有其各自不同的功能。常用的几个面板有："图

55

层"面板、"通道"面板、"路径"面板、"历史记录"面板、"画笔"面板和"动作"面板等。要显示这些面板,可以在"窗口"菜单中寻找相应的命令。自定义工作面板需要掌握以下知识。

(1) 收缩与扩展面板

双击其顶部的伸缩栏或单击其右侧两个小三角形,可以将其收缩成为图表状态,如图2-3-9所示。反之,同样的操作则可以将该栏中的面板全部展开。

直接单击标签名称即可切换至某个面板,双击其标签名称可以隐藏某个已经显示出来的面板。

在 Photoshop 中,按 Tab 键可以隐藏工具箱和所有的浮动面板;按 Shift+Tab 组合键可以隐藏所有的浮动面板,并保留工具箱中的显示。

(2) 分离、移动、组合面板

用户可以根据需要,将面板进行分离、移动和组合操作。例如,将"颜色"浮动面板脱离原来的组合面板窗口,使其成为独立的面板,可在"颜色"标签上单击鼠标左键,并将其拖动至其他位置即可,如图2-3-10所示。若要使面板复位,只需将其拖回原来的面板控制窗内即可。拖动时注意:拖动位于外部的面板标签至目标位置,直至该位置出现蓝色反光时,释放鼠标左键。

图 2-3-9 收缩面板

图 2-3-10 分离面板

组合面板可以将两个或多个面板合并到一个面板中,当需要调用其中某个面板时,只需单击其标签名即可。

2. 按自己习惯或者喜爱的组合来设计组合面板,并对比一下是否较之前提高了工作效率呢?

### 五、思考与练习

1. Photoshop CC 工作界面由几部分构成?分别是什么?
2. Photoshop CC 菜单栏有哪些命令?
3. 默认情况下,Photoshop CC 浮动控制面板有哪几种?

4. Photoshop CC 界面中的"颜色"浮动面板被关闭后，如何把它调出来？

## 2.4　Photoshop CC 的文件基本操作

| 教学目标 | 1. 掌握图像文件的打开、新建、还原和保存操作方法；<br>2. 掌握新建文件的画幅、分辨率设定方法和原则。 |
| --- | --- |

### 一、任务引入

Photoshop CC 是一款优秀的图像处理软件，若想充分发挥其绘图和图像处理的功能，在创作之前，需要熟练掌握其常用操作。

### 二、任务分析

对于图像文件的常用操作有：打开文件、新建文件、储存文件和关闭文件等。此外，图像文件的画幅、分辨率的设定方法和原则也是重点学习的内容。

### 三、相关知识

1. 图像文件的打开

在 Photoshop CC 中打开图像文件有以下几种操作方法：
（1）选择"文件"→"打开"命令，如图 2-4-1 所示。

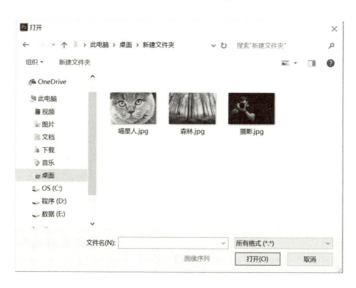

图 2-4-1　"打开"对话框

（2）按 Ctrl+O 组合键。

(3) 双击 Photoshop 操作界面的空白处。

Photoshop 可以打开多种文件格式，也可以同时打开多个文件。如果要打开一组连续文件，可以在选择第一个文件后，按住 Shift 键同时再选择最后一个要打开的文件，再单击"打开"按钮。如果要打开一组不连续的文件，可以在选择第一个图像文件后，按住 Ctrl 键的同时，选择其他的图像文件，然后再去单击"打开"按钮。

2. 新建文件

在 Photoshop CC 中若想要绘制或编辑图像，首先需要新建一个空白文件，执行"文件"→"新建"命令，弹出"新建"对话框（如图 2-4-2 所示），设置新文件的"宽度""高度""颜色模式"和"背景内容"等参数等，单击"确定"按钮即可新建一个空白的图像文件。

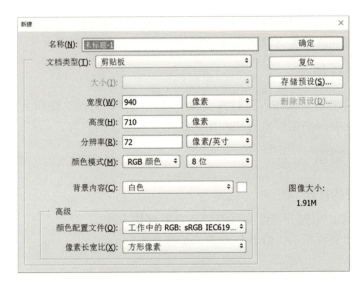

图 2-4-2 "新建"对话框

（1）名称：设置文件的名称，也可以使用默认的文件名。创建文件后，文件名会自动显示在文档窗口的标题栏中。

（2）文档类型：在此下拉列表中已经预设好了创建文件的常用尺寸，可以选择不同的文档类别，如 Web、A3、A4 打印纸、胶片和视频常用的尺寸预设。

（3）宽度、高度：用来设置文档的宽度和高度，在各自的右侧下拉列表框中选择单位，如像素、英寸、毫米、厘米等。

（4）分辨率：设置文件分辨率。在右侧的下拉列表中可以选择分辨率单位，如"像素/英寸""像素/厘米"。

（5）颜色模式：在选择框的下拉列表中可以选择新文件的颜色模式，如："位图""灰度""RGB""CMYK"颜色模式。

（6）背景内容：在其下拉列表中可以设置新文件的背景颜色。

（7）存储设置：单击此按钮，可以将当前设置的参数保存成为预设选项，以使从"预设"下拉菜单中调用此设置。

3. 图像文件的保存

（1） 直接保存图像文件

保存当前图像文件，执行"文件"→"储存"命令，或者使用组合键"Ctrl＋S"，弹出对话框（如图 2-4-3 所示）。不同文件格式各自特点在 1.1 节中已进行了说明，请对比查阅。

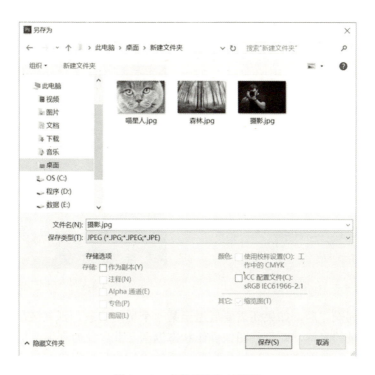

图 2-4-3 "存储为"对话框

需要注意的是，PSD 是 Photoshop 重要的文件格式，它可以保留文档的图层、蒙版、通道等所有内容，我们编辑图像之后，尽量保存为该格式，以便以后可以随时修改。此外，矢量软件 Illustrator 和排版软件 InDesign 也支持 PSD 文件。这意味着一个透明背景的文档置入到这两个程序之后，背景仍然是透明的。JPEG 格式是众多数码相机默认的格式，如果要将照片或者图像文件打印输出，或者通过 E-mail 传送，应采用该格式保存。如果图像用于 Web，可以选择 JPEG、PNG 或 GIF 格式。

（2） 另存图像文件

Photoshop CC 所支持的图像格式有 20 种，因此它可以作为一个转换图像格式的工具来使用，可以用 Photoshop CC 将图像格式转为软件支持格式。

可执行"文件"→"存储为"命令，或者使用组合键"Shift+Ctrl+S"，在弹出的"另存为"对话框中根据需要更改"保存类型"选项并保存。

4. 还原操作

（1） 编辑菜单执行"还原"命令

在操作过程中，如果存在误操作，需要返回这一错误步骤之前的状态，可以执行"编辑"→"还原"命令；如果在后退之后，又需要重新执行这一命令，则可以执行"编辑"→"重做"命令。如果连续执行"后退一步"命令，还可以连续向前回退；如果在连续执行"编辑"→"后退一步"命令后，再连续执行"编辑"→"向前一步"命令，则可以连续重新执行已经回退的操作，如图2-4-4所示。

（2）使用面板执行还原操作

"历史记录"面板具有还原操作功能。其上记录了进行的每一步操作。通过观察此面板，可以清楚地了解到以前所进行的操作步骤，并决定具体回退到哪一个位置，如图2-4-5所示。

图2-4-4　还原命令　　　　　　　　　　图2-4-5　"历史记录"面板

在进行一系列操作后，如果还需要后退至某一个历史状态，则直接在历史记录列表区中单击该历史记录的名称，即可使图像操作状态返回至此，此时在所选历史记录后面的操作都将成灰度显示，重新操作后该操作步骤以后的"历史记录"将重新记录。

5. 新建文件的画幅、分辨率的设定

Photoshop CC的图像是基于位图格式的，而位图的基本单位是像素，因此在创建位图图像时需要指定分辨率的大小。图像的像素与分辨率能体现出图像的清晰度，决定图像的质量。位图图像的像素大小是由沿图像的宽度和高度测量出的像素数目多少决定的。一幅位图图像，像素越多图像越清晰，效果越细腻，分辨率是指位图图像中的细节精细度，测量单位是像素/英寸（ppi）。每英寸的像素越多，分辨率越高。一般来说，图像的分辨率越高，得到印刷图像的质量就越好。

虽然分辨率越高图像质量越好，但会增加占用的存储空间，所以根据图像的用途设置合适的分辨率可以取得最好的使用效果。如果图像应用于屏幕显示或网络，可以将分辨率设置为72像素/英寸；如果图像用于打印机打印，可以将分辨率设置为100～150像素/英寸；如果图像用于印刷，则应设置为300像素/英寸。

在Photoshop中调整图像尺寸的操作命令为，执行"图像"→"图像大小"命令可以改变图像尺寸。"图像大小"对话框如图2-4-6所示。

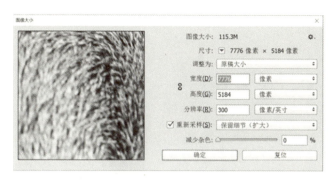

图 2-4-6 "图像大小"对话框

## 四、任务实施

下载网站图片，在 Photoshop 中查看图像大小并存储为 Web 所用格式

（1）本任务需熟练利用本节知识点进行操作，从网页上浏览图片，收集素材，熟练操作软件，练习图片的下载、打开、保存等操作。

（2）从某网站搜索电商网站实体店广告海报、主图、焦点图等素材（不少于 10 张），单击右键另存到自己的计算机中，如图 2-4-7 所示。

图 2-4-7 素材示例

（3）打开 Photoshop CC 软件，分别练习用不同的三种方式（菜单打开、快捷方式打开、组合键打开）打开图像。

（4）在 Photoshop CC 软件中，打开收集的素材文件，执行"图像"→"图像大小"查看电商图片的尺寸，如图 2-4-8 所示。

图 2-4-8 "图像大小"对话框

（5）执行"文件"→"导出"→"存储为 Web 所用格式",设置存储格式和位置信息,如图 2-4-9 所示。

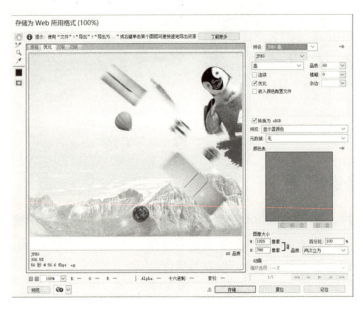

图 2-4-9　"存储为 Web 所用格式"对话框

（6）也可执行"文件"→"导出"→"快速导出为 PNG",进行文件的保存操作,如图 2-4-10 所示。

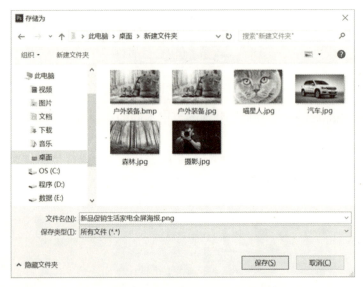

图 2-4-10　"快速导出为 PNG"对话框

## 五、思考与练习

1. 图像文件打开有哪几种方法?

2. 如何对图像文件进行保存？

3. 常用的图像分辨率有哪些？

## 2.5　Photoshop 的图层与选区

| 教学目标 | 掌握图层、选区的基本概念。 |
| --- | --- |

 一、任务引入

图层与选区是 Photoshop 的核心功能，图层的不透明度、混合模式、图层样式等操作，选区的编辑修改等应用操作需重点学习。

 二、任务分析

在 Photoshop 中所有图像都是基于图层来进行处理操作的，图层就是图像的层次，可以将一副作品分成若干幅图像，每一副图像都处于不同图层，便于用户调整。而选区是针对于每一幅图进行操作，其具有灵活性，可以多次进行编辑操作。

 三、相关知识

1. 图层的基本概念

（1）"图层"面板

"图层"面板显示出当前图层的信息，从"图层"面板可以调整图层叠放次序、图层透明度、图层混合模式等参数。一般情况下，"图层"面板默认显示在工作区，也可通过"窗口"→"图层"命令，即可在工作区中显示或隐藏此面板，如图 2-5-1 所示。

图 2-5-1　图层面板

(2) 创建图层

常用的创建新图层的方法有：

1) 按钮创建图层

单击"图层"面板底部的"创建新图层"按钮，可直接创建一个新的图层。如果需要改变默认值，可以按住 Alt 键单击"创建新图层"按钮，然后在弹出的对话框中进行修改，按住 Ctrl 键同时单击"创建新图层"按钮，则可在当前图层下方创建新图层。

2) 使用快捷键创建新图层

使用快捷键创建新图层。按 Ctrl+Shift+N 组合键，则弹出"新建图层"对话框，设置适当参数，单击"确定"按钮即可在当前图层上新建一个图层。按 Crtl+Alt+Shift +N 组合键即可在不弹出"新建图层"对话框情况下，在当前图层上方新建一个图层。

(3) 选择图层

在"图层"面板中单击需要编辑的图层即可选择该图层，使其成为当前图层。

(4) 编辑图层

1) 显示、隐藏图层

在"图层"面板中单击图层左侧的眼睛图标，使其消失，即可隐藏该图层，如图 2-5-2 所示，再次单击此处可重新显示该图层。

图 2-5-2　隐藏图层

2) 复制图层

复制图层有三种操作方法：选中目标图层，执行"图层"→"复制图层"命令；或者在"图层"面板弹出的菜单中执行"复制图层"命令；亦可将图层拖至面板下方的"创建新图层"按钮上，待高光显示线出现时释放鼠标。

3) 删除图层

选中目标图层，按 Delete 键删除当前选中的图层。

4) 重命名图层

在 Photoshop 中新建图层，系统自动生成图层名称，新建图层命名为"图层 1""图层

2"，以此类推。

改变图层默认名称，可以执行以下操作。

在"图层"面板中选择要重新命名的图层，执行"图层"→"重命名图层"命令，单击图层缩览图或者"Enter"键确认。或者，双击图层缩览图右侧的图层名称，此时该名称变为可键入状态，键入新的图层名称后，单击图层缩览图或者按 Enter 键确认。

5) 改变图层顺序

在图层面板上按住鼠标左键拖动待调整的图层，当目标位置显示出一条高光线时释放鼠标即可。

6) 过滤图层

在 Photoshop CC 中，新增了根据不同图层类型、名称、混合模式及颜色等属性，对图层进行过滤及筛选的功能，且便于快速查找，选择及编辑不同属性的图层。

要执行图层过滤操作，可以单击"图层"面板左上角"类型"右侧的按钮，从弹出的菜单中选择图层过滤条件，如图 2-5-3 所示。当选择不同的过滤条件时，其右侧会显示不同的选项，即可进行调整。

图 2-5-3　过滤图层

（5）合并图层

选中需要合并的图层，选择"图层"→"合并图层"命令，即可合并图层。或者可以按"Ctrl+E"组合键合并图层。

（6）图层组

图层组类似于文件夹，可将图层按照类别放在不同的组内，当关闭图层组后，在图层面板中就只显示图层组名称，选择"图层"→"新建"→"组"命令，弹出"新建组"对话框，设置选项后单击"确定"按钮即可创建图层组，如图 2-5-4、2-5-5 所示。

图 2-5-4 "新建组"对话框

图 2-5-5 图层面板

### 2. 选区的基本概念

（1）选区的创建

① 创建规则选区

利用"矩形选框工具""椭圆选框工具"可以制作规则的选区，要制作规则选区，应在工具箱中单击"矩形选框工具"或者"椭圆选框工具"，然后在图像文件中需要制作选区的位置，如图 2-5-6、2-5-7 所示。

图 2-5-6 创建矩形选区

图 2-5-7 创建椭圆选区

② 创建不规则选区

使用工具箱中的"套索"工具、"多边形套索"工具、"磁性套索"工具、"魔棒"工具、"快速选择"工具均可创建不规则选区。

（2）管理选区

1）移动选区

移动选区是图像处理中最常用的操作方法，可以使用任何一种选框工具对选区的位置进行调整，选取某个区域，按住鼠标左键拖动这个区域可移动选区。

2）取消选区

用户在编辑图像时如果不需要该选区，可选择"选择"→"取消选区"命令，或者使用快捷键"Ctrl+D"组合键。

3）存储选区

创建选区后，选择菜单栏中的"选择"→"存储选区"命令，即可弹出"存储选区"对话框，如图 2-5-8、2-5-9 所示，然后单击"确定"按钮即可。

图 2-5-8　存储选区选项卡　　　　图 2-5-9　"存储选区"对话框

4）载入选区

存储选区后，选择菜单栏中的"选择"→"载入选区"命令，即可将选区载入到当前图像中。

（3）修改选区

用户在创建选区时，可对选区进行多项修改："边界选区"、"平滑选区"、"扩展选区"、"收缩选区"、"羽化选区"、"调整边缘"。

"羽化选区"操作步骤如图 2-5-10、2-5-11、2-5-12、2-5-13 所示。

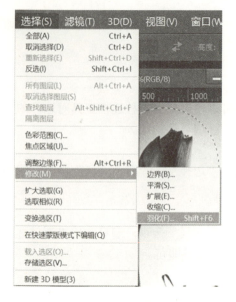

图 2-5-10 羽化选项卡

图 2-5-11 羽化选区对话框

图 2-5-12 创建椭圆选区

图 2-5-13 羽化后的选区效果

（4） 应用选区

1） 描边选区

创建选区后，选择菜单栏中的"编辑"→"描边"命令，即可对选区进行描边。

2） 填充选区

创建选区后，选择菜单栏中的"编辑"→"填充"命令，即可对选区进行填充，如图 2-5-14 所示。

第 2 章　熟悉 Photoshop 界面环境

图 2-5-14　"填充"对话框

"内容识别"能够轻松删除图像元素并用其他内容替换，实现与其周围环境天衣无缝地融合在一起。如图 2-5-15、2-5-16 所示。

图 2-5-15　创建不规则选区

图 2-5-16　"内容识别"智能填充

注意：内容识别填充会随机合成相似的图像内容。如果您不喜欢原来的结果，则选择"编辑"→"还原"，然后应用其他的内容识别填充。为获得最佳结果，需要把创建的选区略微扩展到要复制的区域之中。（快速套索或选框选区通常已足够。）

3）使用选区定义图案

创建选区后，选择菜单栏中的"编辑"→"定义图案"命令，即可对选区进行定义。

## 四、任务实施

1. 实训项目：定义图案制作水印

本任务利用本节图层与选区的相关知识，制作卡通图标，如图 2-5-17 所示。

（1）新建一个空白文档，宽、高均为 800 像素，分辨率为 72 像素/英寸，如图 2-5-18。执行菜单栏中的"视

图 2-5-17　制作图标

69

图"→"标尺"命令，或者用"Ctrl+R"组合键调出标尺，用移动工具分别从纵、横两道标尺拖出参考线相交与画面中央，如图 2-5-19 所示。

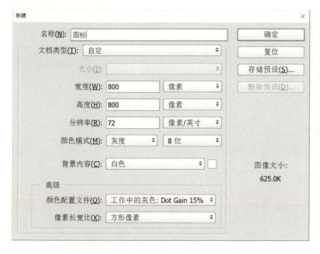

图 2-5-18　"新建"文档参数　　　　　　　　图 2-5-19　调出标尺

（2）选择工具箱中的"椭圆选框工具"，按住"Alt+Shift"组合键的同时，鼠标光标移动到纵横两道标尺线的相交点，左键拖绘出一个由中心展开的正圆形选区，如图 2-5-20 所示。点击图层面板下方的新建按钮建立新图层，如图 2-5-21 所示。

图 2-5-20　创建中心正圆选区　　　　　　　图 2-5-21　新建图层

（3）设置前景色为黑色，选择工具箱中的"油漆桶"工具，单击选区为其填充黑色，或者使用"Alt＋Delete"组合键为选区快捷填充前景色，如图 2-5-22 所示。继续使用绘制正圆选区的方法在该图层上绘制半径较小的同心圆选区，按 Delete 键删除选区部分，制作出环形图形，如图 2-5-23 所示。

图 2-5-22　为选区填充前景色　　　　　　图 2-5-23　制作环形

（4）选择工具箱中的"矩形选框工具",按住 Alt 键的同时,鼠标光标移动到纵横两道标尺线的相交点,左键拖绘出一个由中心展开的矩形选区,如图 2-5-24 所示。按 Delete 键删除选区部分,制作出减缺图形,如图 2-5-25 所示。

图 2-5-24　创建中心展开的矩形选区　　　　图 2-5-25　减缺图形效果

（5）调出标尺,在图形上规划下一步三角形图形绘制的范围,并在图层面板建立新图层,如图 2-5-26 所示。选择工具箱中的"矩形选框工具"创建三角形选区,并填充为黑色,如图 2-5-27 所示。

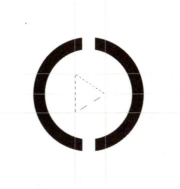

图 2-5-26　新建图层　　　　　　　　图 2-5-27　创建三角形选区

（6）让三角形所在的图层处于编辑状态，按"Ctrl+T"对图像进行缩放变形，调整图标的最后形状，如图2-5-28、2-5-29所示。

图2-5-28 编辑状态下的三角形图层

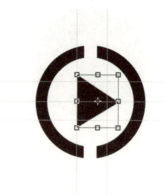

图2-5-29 缩放三角形

（7）单击图层面板中的"背景"图层前面的显示/隐藏符号，隐藏白色背景，执行"文件"→"导出"→"快速导出为PNG"，将图形文件保存，如图2-5-30、2-5-31所示。

图2-5-30 隐藏背景图层

图2-5-31 最终效果

2. 将上一任务所绘制的图标定义图案并制作水印

（1）在Photoshop中打开"图标"文件，设置前景色为白色，选择油漆桶工具（如图2-5-32），在图形上单击填充白色，如图2-5-33所示。

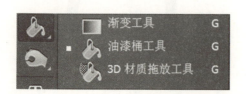

图2-5-32 选择油漆桶工具

图2-5-33 填充白色

（2）在图层面板下方单击"图层样式"按钮（如图 2-5-34 所示），为图层添加大小为 8 像素、颜色为浅灰色的描边效果，如图 2-5-35 所示。

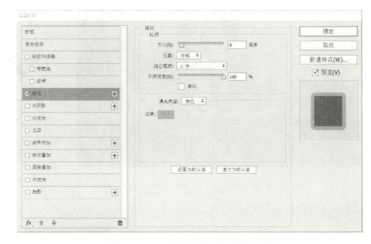

图 2-5-34　图层样式下拉列表　　　　　　　图 2-5-35　"描边"样式参数设置

（3）将图层的不透明度更改为 20%（如图 2-5-36 所示），执行菜单栏中的"编辑"→"定义图案"命令，将图形制作成图案，如图 2-5-37 所示。

图 2-5-36　调整不透明度　　　　　　　　　图 2-5-37　定义图案

（4）打开"单车.jpg"素材图像（如图 2-5-38 所示），执行菜单栏中的"编辑"→"填充"命令，在填充对话框中的自定图案下拉列表中选中制作好的图案，为目标图像添加水印效果，如图 2-5-39、2-5-40 所示。

73

图 2-5-38 "单车"素材图像

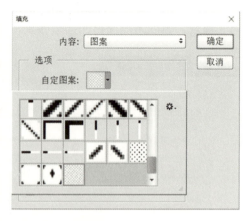

图 2-5-39 "填充"对话框

图 2-5-40 最终效果

### 五、思考与练习

1. 创建新图层有哪些方法？
2. 编辑图层都有哪些操作？
3. 对于选区的修改有哪些操作？

## 2.6 本章小结

本章学习了 Photoshop 产品版本介绍，Photoshop CC 的安装配置，工作界面，文件的基本操作，图层与选区的操作。

学习完本章之后，我们应该能够：（1）会对 Photoshop CC 软件进行安装和配置；（2）会自定义工作区操作；（3）会进行创建、打开、保存图像文件；（4）熟悉图层及选区的基本操作。

# 第 3 章
# 图像的简单处理

电商网页图像制作主要是利用视觉冲击、色彩控制、图像布局等手段，实现对网站浏览者（买家）视线的把控和心理的把控，达到营销目的，从而对图像进行修调处理的一项工作。随着近年来电子商务行业的快速发展，因此网页图像处理得到人们越来越多的重视。

## 3.1 图像的尺寸大小调整

| 教学目标 | 1. 熟悉图像文件格式的；<br>2. 熟悉图像。 |
|---|---|

### 一、任务引入

在电商网页上添加使用图像时，因为页面尺寸有限，如果图像文件的尺寸过大，不但影响页面整体效果，而且因为图像文件尺寸太大，所需下载和显示的时间过长，将严重影响用户浏览效果，所以需要我们及时地对图片进行减肥。

### 二、任务分析

图像的尺寸大小，与图像的文件格式、分辨率和幅面大小有关系。通过合理的设置，在不影响图像在网页的浏览效果的情况下，可以大幅调整图片的尺寸，对图片进行减肥。

### 三、相关知识

**1. 图像文件格式**

正如我们在 1.1 节中所学的，图像的文件格式有很多种，在不同的图像文件格式中所保存的图像信息是不同的，每种图像处理软件均有各自兼容和不兼容的图像文件格式，因此应该根据图像的用途决定将图像保存为哪种格式。

PSD 格式的图像文件是使用 Adobe Photoshop 软件生成的默认图像文件格式。用以保存图像的通道、图层和颜色模式等信息，以备以后进行再次修改，由于 PSD 格式包含的信息较多，因此该格式保存的图像文件比较大。

BMP（Windows 标准位图）是最普遍的点阵图格式之一，也是 Windows 系统下的标准格式，是将 Windows 下显示的点阵图以无损形式保存的文件。其优点是不会降低图片的质量，但文件大小比较大。

JPEG（联合图片专家组图像格式）是目前图像格式中压缩率较高的格式。大多数彩色和灰度图像都使用 JPEG 格式压缩图像，压缩比很大而且支持多种压缩级别的格式。当对图像的精度要求不高而存储空间又有限时，JPEG 是一种理想的压缩方式。在 World Wide Web 和其他网上服务的 HTML 文档中，JPEG 广泛用于显示图片和其他连续色调的图像文档。

PNG 是一种较新的网络图像格式。它汲取了 GIF 和 JPG 二者的优点。其第一个特点是采用无损压缩方式来减少文件的大小，保证图像不失真，这一点与牺牲图像品质以换取高压缩率的 JPG 有所不同；它的第二个特点是显示速度很快，只需下载 1/64 的图像信息就可以显示出低分辨率的预览图像；第三，同样支持透明图像的制作。透明图像在制作网页图像的时候很有用。我们可以把图像背景设为透明，这样可让图像和网页背景很和谐地融合在一起。

2. 图像文件大小

图像的文件大小是图像文件的数字大小，以千字节（KB）、兆字节（MB）或千兆字节（GB）为度量单位，它们之间的大小换算为"1024KB=1MB""1024MB=1GB"。文件大小与图像的像素大小成正比。图像中包含的像素越多，在给定的打印尺寸上显示的细节也就越丰富，但需要的磁盘存储空间也会增多，而且编辑和打印的速度可能会更慢。因此，在图像品质（保留所需要的所有数据）和文件大小难以两全的情况下，为了满足电商网页图像显示的基本要求，合理调整图像中包含的像素数量，成为了两者之间的折中办法。调整图像的像素总量有两种方法，一是改变图像的分辨率，二是调整图像的物理尺寸，这两种方法可以结合使用。

在 Photoshop 中，图像文件不能大于 2 GB，而且图像的最大像素尺寸为 30 000×30 000 像素。这个规定限制了图像可能的打印尺寸和分辨率。例如，100×100 英寸图像的分辨率最高只能达到 300 dpi（30000 像素/100 英寸＝300 ppi）。

## 四、任务实施

1. **实训项目：将 BMP 文件格式图像转换为 JPG 图像文件格式**

（1） 观察随书附图"户外装备.bmp"图像文件，查看其文件大小，如图 3-1-1 所示。

图 3-1-1 "户外装备.bmp"图像文件

（2） 在 Photoshop 中打开"户外装备.bmp"文件，选择菜单"文件"→"导出"→"存储为 Web 所用格式"命令（低版本为"文件"→"存储为 Web 所用格式"命令），在随后弹出的对话框中，如图 3-1-2、3-1-3 所示，选择预设的"JPEG 高"格式，单击"存储"按钮。

图 3-1-2 "存储为 Web 所用格式"命令　　　图 3-1-3 "存储为 Web 所用格式"对话框

（3）分别查看 bmp 格式的原图像文件和转格式后的 jpg 格式文件的属性，观察其文件大小尺寸，如图 3-1-4、3-1-5 所示。

图 3-1-4 "户外装备.bmp"文件属性　　　图 3-1-5 "户外装备.jpg"文件属性

（4）请在电脑上比较两幅图，看能否用肉眼区别出两幅图来。

2. 实训项目：调整素材图像的尺寸大小

（1）查看"汽车.jpg"图像文件属性。这是一张使用数码相机（8000 万像素）拍摄的照片，可以看到该图像尺寸 195.4MB，尺寸为 9466 像素×5412 像素，如图 3-1-6 所示。

图 3-1-6 "汽车.jpg"图像文件

（2）在 Photoshop 中打开文件，选择菜单栏中的"图像"→"图像大小"命令，弹出"图像大小"对话框，如图 3-1-7 所示。

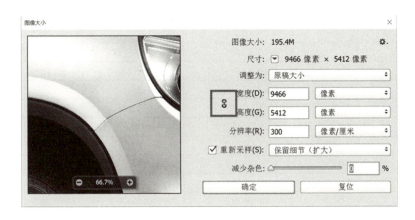

图 3-1-7 "图像大小"对话框

（3）在"图像大小"对话框中保持约束比例，如图 3-1-8 所示，将图像宽度调整为 1024 像素，单击"确定"按钮。

图 3-1-8 "图像大小"对话框

（4）选择菜单栏中的"文件"→"存储为"命令，将文件存储为"汽车 2.jpg"，比较一下原图和调整后的图像，看看它们有什么区别。

### 五、思考与练习

1. 对于"汽车.jpg"，如果调整其分辨率为 72 像素/英寸后进行保存，结果会怎么样？
2. 在本节中调整图像尺寸会不会影响一般图像在网页中的显示？为什么？

### 六、知识链接

#### 1. 常用数码照片的冲洗尺寸

目前数码相机进入越来越多的家庭。很多摄影爱好者在追求照片的高像素值时，对于多大的数码照片能够冲印成多大尺寸的照片却了解较少。下面的表格中列出了要冲印成为常规尺寸的照片需要的数码照片像素大小。

表 3-1-1　常用数码照片的冲洗尺寸

| 照片规格 | 英　寸 | 厘　米 | 像　素 | 最低数码照片像素量 |
| --- | --- | --- | --- | --- |
| 1 寸 |  | 2.5×3.5 | 413×295 |  |
| 身份证（大头照） |  | 3.3×2.2 | 390×260 |  |
| 小 2 寸（护照） |  | 4.8×3.3 | 567×390 |  |
| 2 寸 |  | 5.3×3.5 | 626×413 |  |
| 5 寸 | 5×3.5 | 12.7×8.9 | 1200×840 | 100 万像素 |
| 6 寸 | 6×4 | 15.2×10.2 | 1440×960 | 130 万像素 |
| 7 寸 | 7×5 | 17.8×12.7 | 1680×1200 | 200 万像素 |
| 8 寸 | 8×6 | 20.3×15.2 | 1920×1440 | 300 万像素 |
| 10 寸 | 10×8 | 25.4×20.3 | 2400×1920 | 400 万像素 |
| 12 寸 | 12×10 | 30.5×20.3 | 2500×2000 | 500 万像素 |
| 15 寸 | 15×10 | 38.1×25.4 | 3000×2000 | 600 万像素 |

## 3.2　图像的裁切处理

| 教学目标 | 1. 熟悉裁剪工具的基本使用方法；<br>2. 会使用裁剪工具裁剪所需内容，并修正歪斜的照片。 |
| --- | --- |

### 一、任务引入

数码相机拍摄的照片需要通过裁剪得到良好的构图和合适的大小。我们拍摄的商品照片中，为了突出主体便于在网页上宣传展示，我们也往往需要对照片图像进行裁切，修剪到我们需要的尺寸。

# 第 3 章 图像的简单处理

 二、任务分析

在 Photoshop 中有专门的工具"裁剪工具",用以对图像进行裁剪。当然,熟悉 Photoshop 的朋友可能知道,裁剪照片的方法还有很多,不仅仅是 Photoshop 的专利。

 三、相关知识

### 1. Photoshop 的裁剪工具

裁剪工具和切片工具等在一个工具组里,如图 3-2-1 所示,按键盘上的 C 键,即可调出裁剪工具。

我们选中了裁剪工具,软件就会默认我们的裁剪范围是整张图片。这个好像和以往需要自己拖动设置有所不同,我们只需拖动边缘来确定裁剪范围即可。我们裁剪图片,通常是将图像裁剪的更小。如果裁剪的尺寸比原有尺寸还大,这样超出原始图片的地方,将使用背景色填充。

图 3-2-1　裁剪工具

### 2. Photoshop 的切片工具

在制作网页或者截取图片某一部分时,经常会用到切片工具。它能根据用户需求截出图片中的任何一部分,同时一张图上可以切多个地方。PS 的切片在另存为的时候就能将所切的各个部分分别保存一张图片,完全区分开来。

切片是生成表格的依据,切片的过程要先总体后局部,即先把网页整体切分成几个大部分,再细切其中的小部分。对于渐变的效果或圆角等图片特殊效果,需要在页面中表现出来的,要单独切出来。

 四、任务实施

### 1. 实训项目:常规裁切

将"眼镜模特.jpg"素材图像,如图 3-2-2 所示,裁切成正方形,并将图片尺寸调整为 800×800 像素,便于在电商网页上进行商品展示,如图 3-2-3 所示。

图 3-2-2　"眼镜模特.jpg"素材图

图 3-2-3　效果参考图

（1）打开"眼镜模特.jpg"素材图，如图 3-2-2 所示，在工具箱中选择裁剪工具，裁剪比例设置为 1：1，在图片中调整裁剪区域，如图 3-2-4、3-2-5 所示。

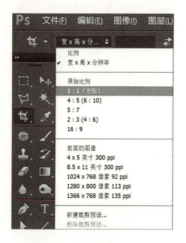

图 3-2-4　设置裁剪比例

图 3-2-5　裁剪区域

（2）按 Enter 键确认，得到裁剪后的图片，如图 3-2-3 所示。

（3）选择菜单"图像"→"图像大小"命令，弹出"图像大小"对话框，设置图像大小为 800 像素×800 像素，如图 3-2-6、3-2-7 所示。

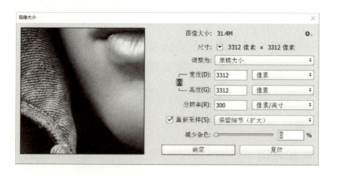

图 3-2-6　原图图像大小

图 3-2-7　修改后图像大小

（4）选择菜单"文件"→"另存为"命令，保存裁剪后的图像即可。

2. 实训项目 2：透视裁剪

将"笔记本.jpg"素材图像，如图 3-2-8 所示，进行透视裁剪修正，得到最终效果图，如图 3-2-9 所示。

图 3-2-8　"笔记本.jpg"素材图　　　　　图 3-2-9　效果参考图

Photoshop 的透视裁剪工具，可以纠正由于相机或者摄影机镜头角度问题造成的图像畸变，方法步骤如下。

（1）打开"笔记本.jpg"素材图像（如图 3-2-8 所示），在工具箱中选择"透视裁剪工具"，如图 3-2-10 所示。在画布上创建起点，并沿着需要裁切部分的平行边拖动透视网格，依次创建一个透视裁剪框，可以根据需要进行透视网格的调整，如图 3-2-11 所示。

图 3-2-10　透视裁剪工具　　　　　图 3-2-11　调整透视网格

（2）确认裁剪位置无误后，按 Enter 键，得到最终效果如图 3-2-9 所示。

（3）选择菜单"文件"→"另存为"命令，保持裁剪后的图像即可。

3. 实训项目 3：网页切片

（1）打开"水果网页.jpg"素材图，如图 3-2-12 所示，在工具箱中选择"切片工具"，在想切片的位置开始按住鼠标左键向左拉或向下拖动，形成一个矩形区域，在合适的位置松开鼠标即完成一次切图（图 3-2-13）。

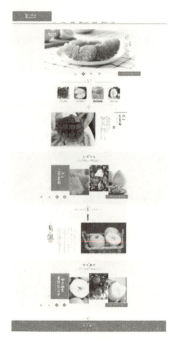

图 3-2-12 "水果网页.jpg"素材图

图 3-2-13 切片

（2）按照上一步的方法，依次对网页图像进行切片。切片的过程要先总体后局部，即先把网页整体切分成几个大部分，再细切其中的小部分。对于渐变的效果或圆角等图片特殊效果，需要在页面中表现出来的，要单独切出来。每一个切片的区域左上角都有蓝色数字标识，如图 3-2-14 所示。

图 3-2-14 切片

（3）切片完成后，选择菜单"文件"→"导出"→"存储为 Web 所用格式"命令（如图 3-2-15 所示），在弹出的对话框中设置图像格式和存储位置，点击"存储"按钮后弹出"将优化结果存储为"对话框，选择文件格式为"HTML 和图像"保存切片图像，如图 3-2-16 所示。

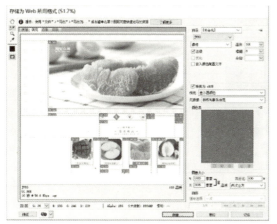 

图 3-2-15　"存储为 Web 所用格式"对话框　　图 3-2-16　"将优化结果存储为"对话框

（4）根据之前保存的路径，找到该文件夹，然后打开"images"文件夹，就能看到一张张根据切片规格分开存放的图片，如图 3-2-17 所示。

图 3-2-17　"images"文件夹

## 五、思考与练习

1. 使用恰当的工具将"轮胎.jpg"素材图片 3-2-18，参照图 3-2-19 矫正透视效果。

图 3-2-18　"轮胎.jpg"素材图　　　　图 3-2-19　效果参考图

2. 尝试使用切片工具对图 3-2-20"女装网页.jpg"素材图切片并保存为"HTML 和图像"格式。

网页设计与制作——电子商务

图 3-2-20 "女装网页.jpg"素材图

## 3.3 图像的移动与变换

 **一、任务引入**

在处理图形或图像的过程中，总少不了对图形或图像的基本形状进行调整。本节我们就学习如何在 Photoshop 中对选定的图像对象进行移动、旋转、变形处理。

 **二、任务分析**

灵活使用 Photoshop 中的移动工具，及变换和自由变换菜单命令，就可以将所选定的图形变换成所想要的形状和形式。

 **三、相关知识**

1. Photoshop 的移动工具

Photoshop CC 移动工具 " "，快捷键 "V"，其属性栏如图 3-3-1 所示。

图 3-3-1 移动工具属性栏

（1）"自动选择"图层：勾选此选项，使用选择工具单击图像窗口中的某一图形的同时,图层面板自动跳到当前含有那个图形的图层。

"自动选择组":选择此选项,在具有多个组的图像上单击鼠标,系统将自动选中鼠标单击位置所在的组。

(2) "显示变换控件":选择此选项,选定范围四周将出现控制点,用户可以方便地调整选定范围中的图像尺寸。

(3) "对齐图层":当同时选择了 2 个或 2 个以上的图层时,单击相应的按钮可以将所选图层进行对齐方式包括"顶对齐""垂直居中对齐""底对齐""左对齐""水平居中对齐""右对齐"等。

(4) "分布图层":如果选择了 3 个或 3 个以上的图层时,单击相应的按钮可以将所选图层按一定规则进行均匀分布排列。分布方式包括"按顶分布""垂直居中分布""按底分布""按左分布""水平居中分布"和"按右分布"等。

(5) 移动工具使用注意事项

移动工具主要是针对当前"选区"或当前"图层"的内容来操作的。

移动工具用来移动所选图像的位置,它不限制图像的区域,可以在不同图层或不同图片中使用,移动工具的快捷键为"V"键,按住键盘上的 Alt 键,配合移动工具,可以实现在当前图层中复制图像的目的。

可以在所要操作的对象上单击右键,即可选中当前图层,使用移动工具移动当前图层中的操作对象。

将一个图像窗口中的内容拖到另一个打开的图像窗口中,相当于把该图像拷贝到另一图像窗口中。

### 2. Photoshop 的变换和自由变换

缩放:放大和缩小。同时按 Shift 键,则以固定长宽比缩放。

旋转:可自由旋转,同时按 Shift 键,则为 15°递增或递减。

斜切:在四角的手柄上拖动,将这个角点延水平和垂直方向移动。将光标移到四边的中间手柄上,可将这个对象倾斜。

扭曲:可任意拉伸四个角点进行自由变形,但框线的区域不得为凹入形状。

透视:拖动角点时框线会形成对称梯形。(按住 Ctrl+Shift+Alt 组合键可达到同样果)

变形:当使用变形时,对象表面即被分割成 9 块长方形,每个交点即为作用点,针对某个作用点按住鼠标左键并移动鼠标,即可以对选区进行适当的变形,如图 3-3-2 所示。

图 3-3-2　变换和自由变换菜单命令

变形操作时的一些小技巧：

（1） Shift+缩放可约束长宽比。

（2） Alt+缩放可自中心变换。

（3） Ctrl+Shift+拖动角点可斜切。

（4） CTRL+拖动角点可扭曲。

（5） Ctrl+Alt+拖动角点可对称的扭曲。

（6） Ctrl+Shift+Alt+拖动角点可透视。

（7） Ctrl+Shift+T 再次执行相同变换操作。

## 四、任务实施

1. 实训项目 1：移动、缩放

通过移动、缩放等操作，将给定的素材图像参照图 3-3-3 彩妆主图效果参考图（800×800 像素）进行合成。

图 3-3-3　彩妆主图效果参考图

（1） 在 Photoshop 中打开"背景.jpg"素材图片，如图 3-3-4 所示。用"裁剪工具"将图片按 1∶1 比例裁剪成 800×800 像素的背景图，如图 3-3-5 所示。

图 3-3-4　"背景.jpg"素材图

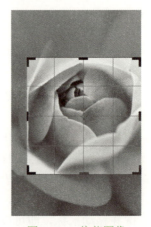

图 3-3-5　裁剪图像

（2） 打开"彩妆.psd"素材文件，如图 3-3-7 所示。该文件是已经做好的分层文件，使用移动工具将其中一件彩妆拖到制作好的主图背景中，如图 3-3-6 所示。

图 3-3-6　主图背景　　　　　　　　　图 3-3-7　"彩妆.psd"素材文件

（3） 选择"移动工具"属性栏中的"显示变换控件"，按住"Shift"键拖动变换控件的角点，等比例缩放彩妆素材，将其摆放到合适的位置后按"Enter"键确定，如图 3-3-8、3-3-9 所示。

图 3-3-8　显示变换控件　　　　　　　　图 3-3-9　等比例缩放图像

（4） 用同样的方法将"标签.png"素材图像，如图 3-3-10 所示，合成到主图背景中，选择菜单"图像"→"图像大小"命令，将主图的尺寸修改为 800×800 像素，分辨率 72 像素/英寸，如图 3-3-11 所示。最后根据需要保存文件即可。

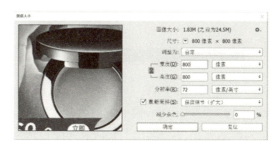

图 3-3-10　"标签.png"素材图　　　　　图 3-3-11　"图像大小"参数设置

2. 实训项目2：移动调整

通过移动、缩放等操作，将给定的素材图像参照图 3-2-12 效果参考图进行合成。

图 3-3-12　电商 banner 广告效果参考图

（1）在 Photoshop 中打开"背景.png"素材图片。

（2）打开"装饰.png"素材图，使用移动工具将其拖移到背景中，如图 3-3-13 所示，并对素材进行等比例缩放、变形等操作，如图 3-3-14 所示。

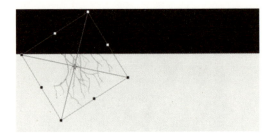

图 3-3-13　"装饰.png"素材图　　　　　　　图 3-3-14　变换图像

（3）按住 Alt 键的同时使用"移动工具"向右拖动，移动并复制出一个新的素材图片。然后，选择"编辑"→"变换"→"变形"命令，对图像进行变形调整，如图 3-3-15 所示。同样的方法将"边框.png""标签.png""凉鞋.png"素材都移动到背景中，变换调整至合适大小和位置，如图 3-3-16 所示。

图 3-3-15　复制并变换图像　　　　　　　图 3-3-16　初步合成效果参考图

（4）按住 Alt 键的同时使用"移动工具"拖动"凉鞋.png"素材，移动并复制出一个新的素材图片，执行"变换"命令，在图像上单击右键调出选项卡，选择"水平翻转"掉转鞋头方向，然后等比例缩放调整大小；最后根据需要保存文件即可。

## 五、思考与练习

1. 在使用移动工具时，如何移动并复制？请用本书提供的"麦田.jpg"（如图 3-3-17 所示）和"进口啤酒.jpg"素材图（如图 3-3-18 所示），参照图 3-3-19 所示合成图像。

图 3-3-17　"麦田.jpg"素材图

图 3-3-18　"进口啤酒.jpg"素材图

图 3-3-19　效果参考图

2. 使用本书提供的"口红.png"素材图，如图 3-3-20 所示，制作如图 3-3-22 所示效果。

图 3-3-20　"口红.png"素材图

图 3-3-21　确定旋转中心点和角度

图 3-3-22　效果参考图

提示：

组合键"Ctrl+T"对图片进行变形；确定旋转中心点和角度；按"Ctrl+Shift+Alt +T"组合键，复制并重复旋转变形操作，如图 3-3-21 所示。

## 3.4　绘制位图图像

 一、任务引入

在处理图形或图像的过程中，有时往往需要我们自己绘制创建一些简单的图片。本节我们就学习如何在 Photoshop 中使用绘画工具，绘制图片作品。

 二、任务分析

使用 Photoshop 中的画笔工具、填充工具、图案图章工具等，可以让我们自由发挥，创建出自己的图形图像。Photoshop 中的绘画工具的使用是 Photoshop 的基本功，是今后图像处理的基础，只有扎实掌握这些基本功，才能做出完美的作品。

 三、相关知识

1. Photoshop 的画笔工具

画笔工具在 Photoshop 工具箱中的位置如图 3-4-1 所示。

图 3-4-1　画笔工具

画笔工具，主要用来绘图或对图像上色，画笔的颜色可由色板的颜色决定。画笔工具的使用方法和实际中利用毛笔在画纸上绘画是一样，可以表现出多种边缘柔软的效果。

画笔工具的选项栏包括：画笔、模式、不透明度、流量和喷枪，可以调整画笔的大小、硬度、刷式（笔刷形状）、不透明度等，如图 3-4-2 所示。

图 3-4-2　画笔工具调板

铅笔工具，主要是模拟平时画画所用的铅笔一样，选用这工具后，在图像内按住鼠标左键不放并拖动，即可以进行画线。它与画笔不同之处是所画出的线条没有蒙边。笔头可以在右边的画笔中选取。

2. Photoshop 的填充工具

填充是以指定的颜色或图案对所选区域的处理，常用有：颜料桶和渐变。

颜料桶（即油漆桶）工具用于向鼠标单击外和与其颜色相近区域填充前景色或指定图案。

使用工具盘中的"渐变"工具，可以产生两种以上颜色的渐变效果。渐变方式既可以选择系统设定值，也可以自己定义。渐变方向有线性状、圆形放射状、方形放射状、角形和斜向等几种。如果不选择区域，将对整个图像进行渐变填充，如图 3-4-3 所示。

3. Photoshop 的图章工具

仿制图章工具：主要用来对图像的修复用途，亦可以理解为局部复制。先按住 Alt 键，再用鼠标在图像中需要复制或要修复的取样点处单击左键，再选取一个合适的仿制画笔大小，就可以在图像中修复图像。

图案图章工具：它也是用来复制图像，但与仿制图章有些不同，其前提要求先用矩形选择一范围，再在"编辑"菜单中点取"定义图案"命令，然后再选合适的笔头，再在图像中进行复制图案，如图 3-4-4 所示。

图 3-4-3　填充工具组

图 3-4-4　图章工具组

## 四、任务实施

1. 实训项目 1：为图像绘制前景，设计前后对比图分别为图 3-4-5 和图 3-4-6。

图 3-4-5　"泥土.jpg"素材图

图 3-4-6　效果参考图

（1）在 Photoshop 中打开"泥土.jpg"素材图（如图 3-4-5 所示），新建一个图层，设置前景色为草绿色，如图3-4-7、3-4-8所示。

图3-4-7 新建图层

图3-4-8 设置色彩

（2）选择"画笔工具"，在工具属性栏中点击"画笔预设"下拉列表，或者选择菜单的"窗口"→"画笔预设"调出"画笔预设"面板选择"草"笔触，设置画笔大小1800像素左右（可灵活调整），如图3-4-9、3-4-10所示。

图3-4-9 "画笔预设"下拉列表

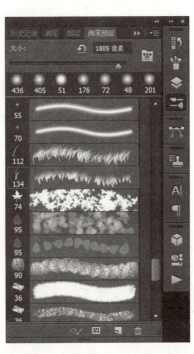

图3-4-10 "画笔预设"面板

（3）选择"画笔工具"，在工具属性栏中点击"切换画笔面板"按钮，或者选择菜单的"窗口"→"画笔"调出画笔面板进行形状动态、散布、颜色动态等选项的参数设置（可灵活调整），如图3-4-11，图3-4-12所示。

图3-4-11 画笔工具属性设置

第 3 章 图像的简单处理

图 3-4-12 "画笔"面板

（4） 设置完成后在"图层 1"的画布下方涂抹画出青草效果，完成后保存即可。

2. 实训项目 2：给商品换颜色

使用"颜色替换工具"替换商品颜色，将"红沙发.jpg"素材图，如图 3-4-13 所示的沙发换成紫色，如图 3-4-14 所示。

图 3-4-13 "红沙发.jpg"素材图          图 3-4-14 紫色效果参考

（1） 设置前景色为紫色，选择工具箱中的"颜色替换工具"，如图 3-4-15 所示。

图 3-4-15 颜色替换工具

（2）在"颜色替换工具"属性栏中设计画笔大小、模式、容差等关键内容（可灵活调整），如图 3-4-16 所示。

图 3-4-16　"颜色替换工具"属性

（3）在画布上需要替换颜色的部位拖住鼠标左键涂抹即可替换颜色。

3. 实训项目 3：制作水印

网店的图片一般为原创，为防止盗图，宣示版权所有，通常会制作水印。用给定图案给"男装.jpg"素材图添加水印效果，效果如图 3-4-17 所示。

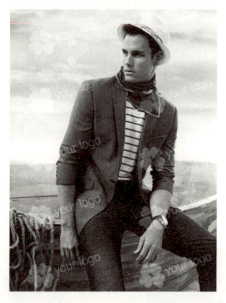

图 3-4-17　效果参考图

（1）打开文件"男装 logo.png"素材图（如图 3-4-18 所示），在工具箱中选择油漆桶工具，将前景色设置为白色，直接填充 logo 图案为白色，如图 3-4-19 所示。

图 3-4-18　"男装 logo.png"素材图　　　　图 3-4-19　填充白色

（2）选择"编辑"→"变换"→"变形"命令，对图像进行变形调整，如图 3-4-20 所示；空白透明区域将影响填充图案的间距，必要时应进行裁切，如图 3-4-21 所示。

图 3-4-20　变换调整图案角度
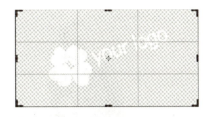
图 3-4-21　裁剪画面

（3）选择菜单"编辑"→"定义图案"，如图 3-4-22 所示，在弹出的对话框中设置名称并存储，如图 3-4-23 所示。

图 3-4-22　"定义图案"命令

图 3-4-23　图案名称

（4）打开"男装.jpg"素材图，在工具箱中选择"图案图章工具"，在属性栏的选项卡中选择定义好的 logo 图案，如图 3-4-24、3-4-25 所示。

图 3-4-24　图案图章工具

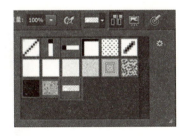
图 3-4-25　选择图案

（5）新建图层，在"图层 1"编辑状态下拖动鼠标左键在画布上进行涂抹，得到水印图层，设置该图层不透明度为 40%（可灵活调整），如图 3-4-26、3-4-27 所示。完成后保存图片即可。

图 3-4-26　添加水印

图 3-4-27　调整图层透明度

4. 实训项目 4：仿制图章丰富背景图

用仿制图章工具丰富背景画面，如图 3-4-28 所示。

图 3-4-28　效果参考图

（1）在 Photoshop 中打开"玫瑰.jpg"素材图，选择"仿制图章工具"，设置画笔大小 250 像素左右（随时灵活调整大小），如图 3-4-29、3-4-30 所示。

图 3-4-29　"仿制图章工具"属性栏

图 3-4-30　画笔预设

（2）按住 Alt 键的同时在画面上欲取样的位置单击，定义仿制初始点（如图 3-4-31 所示。新建一个图层，使用"仿制图章工具"在画布上的目标位置进行涂抹，如图 3-4-32 所示。注意取样和绘制的时候避开花瓣投影部分裁切，笔触不宜太大。

图 3-4-31　设置取样点　　　　　　　　图 3-4-32　涂抹目标位置

（3）用同样的方法取样周围无暗影的花瓣和桃心进行仿制，使背景画面空白处呈现随意散落的效果，切忌太满太碎失去美感，完成后保存即可。

### 五、思考与练习

1. 颜色替换工具的"容差"数值大小会产生什么影响？
2. 为"办公椅.jpg"素材（如图 3-4-33 所示），替换两种以上的颜色效果，如图 3-4-34 所示。

图 3-4-33　"办公椅.jpg"素材图　　　　图 3-4-34　效果参考图

## 3.5　绘制矢量图形

### 一、任务引入

由于矢量图文件尺寸较小，放大或缩小均不失真等优点，常常用来表示标识、图标、Logo 等简单直接的图像。我们本节就来学学如何绘制矢量图形。

二、任务分析

使用 Photoshop 中的钢笔工具等，可以让我们自由发挥，创建出自己的图形图像。钢笔工具属于矢量绘图工具，其优点是可以勾画平滑的曲线，在缩放或者变形之后仍能保持平滑效果。

 三、相关知识

1. Photoshop 的钢笔工具

画笔工具在 Photoshop 工具箱中的位置如图 3-5-1 所示。

图 3-5-1  钢笔工具

钢笔工具画出来的矢量图形称为路径。路径是矢量的路径允许是不封闭的开放状，如果把起点与终点重合绘制就可以得到封闭的路径，如图 3-5-2、3-5-3 所示。

图 3-5-2  闭合的路径

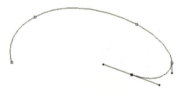

图 3-5-3  开放的路径

想要在 PS 中得心应手地描绘出自己想要的线条（也就是路径），就需要对"钢笔工具"有一个充分的理解。

钢笔工具绘出来的线条全部都是贝赛尔曲线，如图 3-5-4 所示，就是一个完整的贝赛尔曲线结构图。贝赛尔曲线由线段（segment）和锚点（节点 anchor）构成。而每一个锚点都有两个控制点。我们就是通过调节控制点来设计自己想要的线条。

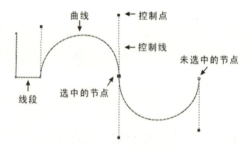

图 3-5-4  贝赛尔曲线

我们并没有直接绘制线段，而是定义了各个锚点的位置，软件则在点间连线成型；控制线段形态的，并不是线段本身，而是线段两端锚点的控制手柄。

组成路径线的锚点包括平滑型锚点和折角型锚点。平滑型锚点的两侧有两个处于同一条直线上的控制手柄，这两个手柄之间是互相关联的，当拖动其中一个手柄时，另一端的手柄也会随之发生变化，如图 3-5-5 所示。

折角型锚点的两侧也有两个控制手柄，它们之间是相互独立的，当拖动其中一个控制手柄时，则另一端的手柄不会发生变化，如图 3-5-6 所示。

图 3-5-5　平滑型锚点

图 3-5-6　折角型锚点

## 四、任务实施

1. 实训项目 1

使用钢笔工具绘制一个心形图案。

（1）在 Photoshop 中新建一个 400×400 像素的空白图像。

（2）在图上添加 6 条参考线。参考线是通过从文档的标尺中拖出而生成的，因此请确保标尺是打开的，使用组合键 Ctrl+R，或菜单命令"视图"→"标尺"。

（3）使用钢笔工具在图中依次点 4 个点后，再单击初始点封闭曲线，如图 3-5-7 所示。

（4）使用钢笔工具中的转换点工具，分别调整两侧锚点的控制点和手柄，如图 3-5-8 所示。

图 3-5-7　绘制 4 个锚点

图 3-5-8　调节相关控制点

2. 实训项目 2

使用钢笔工具绘制小花图案,如图 3-5-9 所示。

图 3-5-9　效果参考图

主要工具或命令:"多变形工具""钢笔工具""移动工具""复制"命令等,在制作的时候,注意花朵的外形的美观性。

(1) 在 Photoshop 中新建一副 800×800 像素,分辨率为 72 像素/英寸的图像,新建一个图层。

(2) 在工具箱中选择"多边形工具",在属性栏选择"路径"选项,如图 3-5-10 所示,按下 Shift 键的同时在图层 1 上绘制出多边形路径。

图 3-5-10　勾选路径选项

(3) 选择钢笔工具,按住 Ctrl 键临时转换为"直接选择工具"(空心箭头)单击路径,使路径中的每个锚点均被显示,松开 Ctrl 键变回钢笔工具,在每一条路径的中心点添加一个锚点。如图 3-5-11,3-5-12 所示。

图 3-5-11　绘制正五边形

图 3-5-12　添加锚点

（4）按住 Ctrl 键的同时拖住新添加的锚点并移动至中心，调节滑杆使形状至适当位置，如图 3-5-13 所示；依次完成如图 3-5-14 所示的调整。

图 3-5-13　调节相关控制点

图 3-5-14　调节相关控制点

（5）拖动花瓣顶端锚点的手柄，调整花瓣的形状如图 3-5-15 所示；依次完成如图 3-5-16 所示的调整。

图 3-5-15　调节相关控制点

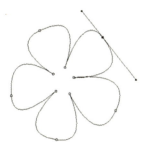

图 3-5-16　调节相关控制点

（6）选择"窗口"→"路径"命令，调出路径面板，双击工作路径，弹出"存储路径"对话框，将选区存储为"路径 1"，以备以后用到时直接调出路径。

（7）在路径面板底部单击"将路径作为选区载入" 按钮，或者按 Ctrl+Enter 组合键直接将路径转换为选区，如图 3-5-17 所示；选择渐变工具，单击属性栏中径向渐变，设置从红色到白色的渐变（可根据个人喜好灵活设置），填充渐变效果如图 3-5-18 所示。

图 3-5-17　将路径转换为选区

图 3-5-18　填充渐变色

（8）选择"画笔工具"，根据自己的喜好设置花蕊颜色和适当的笔刷大小及硬度，在花瓣上绘制花蕊和纹理，如图 3-5-19、3-5-20 所示。

图 3-5-19　绘制花蕊

图 3-5-20　绘制纹理

（10）选择移动工具，按住 Alt 键的同时拖动花朵图案进行复制，调整其大小及旋转方向，如图 3-5-21、3-5-22 所示，完成后保存文件即可。

图 3-5-21　复制图案

图 3-5-22　调整图案

 **五、思考与练习**

练习使用钢笔工具给素材如图 3-5-23、3-5-24 所示创建选区，总结和交流钢笔工具使用的难点和技巧。

> **提示：**
> Ctrl+Enter 组合键可将钢笔工具绘制的路径转换为选区，填充相应颜色即可；路径描边可以通过路径面板，选择用画笔描边路径按钮即可。

图 3-5-23　素材 1

图 3-5-24　素材 2

## 3.6 本章小结

本章学习了使用 Photoshop 绘制一些简单的图像，以及对图像大小尺寸、位置等的调整。

学习完本章之后，我们应该能够：（1） 会进行图像的尺寸大小调整；（2） 会根据需要对图像进行裁切处理；（3） 会对图像进行移动和变换；（4） 会绘制简单的位图和矢量图形。

由于本章学习的是平面图像制作的基础，应熟练掌握各项操作，对于后续的学习操作有着十分重要的作用。

# 第 4 章

# 文字的简单处理

使用 Photoshop 的文字处理功能,不仅可以在网页图像文件中输入文字、设置文字格式和段落格式,还能创建并编辑路径文本。在网页图像的设计过程中,为文字设置漂亮的颜色和样式,不但可以增强画面的视觉效果,还可以准确地传达出画面所要表达的信息。

# 第4章 文字的简单处理

## 4.1 文字使用基础

| 教学目标 | 1. 熟悉文字工具选项栏中的各项设置的基本功能；<br>2. 会使用文字工具、文字调板来创建、编辑、修改文本和段落文本；<br>3. 会使用文字工具结合图层样式等调板制作广告字和艺术字。 |
|---|---|

一、任务引入

在设计电商网页上的图像时，除了图像本身的特点之外，文字的魅力也是不容小看的，漂亮的文字颜色和样式，不仅可以增强图像的视觉效果，还可以吸引浏览者的眼球，而且能够非常准确的传递商品信息。

二、任务分析

为电子商务网页图像添加文字，可以吸引浏览者或者顾客的眼球，并且能快速从众多商品中选中需要浏览的网页；网页中也要针对商品的情况进行说明，这些文字都是以图像的形式上传到网页上的；如果给文字增加一些效果，会达到更好的宣传效果。首先，我们要重点掌握文字的基本使用方法，并通过实例进行巩固，在此基础上，继续加深学习文字的样式调整方法，并进行实例应用；最终可以使读者能够使用 Photoshop 进行图像中文字的简单处理。

三、相关知识

为了更好地突出图像的主题，可以在 Photoshop 中为图像创建文字，根据图像的内容，可以输入横排或直排文字，而且可以根据输入的文字创建选区。

1. 认识文字工具选项栏

在 Photoshop 中，文字的输入主要是通过文字工具箱来完成的。在工具箱中右键单击"横排文字工具"按钮 T，可打开文字工具组，其中包含文字工具和文字蒙版工具。

下图 4-1-1 为文字工具的属性栏，下面分别介绍其功能。

图 4-1-1　文字工具栏

该工具组中的各文字工具含义如下。
- 横排文字工具：用于输入横向的文字。
- 直排文字工具：用于输入纵向的文字。
- 横排文字蒙版工具：用于输入横向的文字选区。

- 直排文字蒙版工具：用于输入纵向的文字选区。
- "切换文本取向"按钮：单击该按钮可以实现文字横排与直排之间的转换。
- "设置字体"下拉列表框：用于设置文字的字体。
- "设置字体样式"下拉列表框：选择具有该属性的字体后，"设置字体样式"下拉列表框中的内容才为可选状态，此时可选择需要的字体样式。
- "设置字体大小"下拉列表框：用于设置文字的字体大小，默认单位为点，即像素。
- "设置消除锯齿的方法"下拉列表框：用于设置消除文字锯齿的模式，也可以在"文字"→"消除锯齿"子菜单中选择。
- "对齐方式"按钮：用于设置文字的对齐方式，从左到右依次为"左对齐文本""居中对齐文本"和"右对齐文本"。
- "文本颜色"色块：单击该色块，即可在弹出的"选择文本颜色"对话框中设置文本颜色。
- "创建变形文字"按钮：单击该按钮后，即可在弹出的"变形文字"对话框中设置文本变形模式。
- "切换字符和段落面板"按钮：单击该按钮可以隐藏或打开"字符"和"段落"面板，在其中单击"字符"标签，可以在面板中设置字符格式；单击"段落"标签，可以在面板中设置段落格式。
- "取消所有当前编辑"按钮：单击该按钮可取消正在进行的文字编辑。
- "提交所有当前编辑"按钮：单击该按钮可完成当前的文字编辑。

2. 创建点文本

点文本是一个水平或垂直的文本行，在处理标题等字数较少的文字时，可以通过点文本来完成。选择横排或竖排文字工具后，在图像中需要创建文字的地方单击鼠标左键，即可在该点插入一个光标，在光标处输入文字即可。

下面通过实例帮助读者了解创建点文本的方法：

（1）打开"背景.jpg"素材图，如图 4-1-2 所示。在工具箱中选择横排文字工具，在属性栏中设置好字体、字号和字符颜色，或者通过"窗口"→"字符"调出字符面板进行设置，如图 4-1-3 所示。

图 4-1-2 "背景.jpg"素材图

图 4-1-3 字符面板

（2）在需要输入文字的地方单击鼠标左键，插入光标，如图 4-1-4 所示。此时在图层面板中会生成一个新的文字图层，如图 4-1-5 所示。

图 4-1-4　插入光标　　　　　　　　　图 4-1-5　自动生成文字图层

（3）输入需要的文字，如果需要换行，可按下 Enter 键，在输入过程中，如果要调整文本位置，可以将光标放在字符以外，单击并拖动鼠标即可，如图 4-1-6 所示。

图 4-1-6　输入文字

（4）文字输入完成后，可单击属性栏中的"提交所有当前编辑"按钮 ，或单击 Enter 键结束操作。如果在画面中单击其他位置，可再次创建点文本，如图 4-1-7 所示。

图 4-1-7　效果参考图

## 3. 创建段落文本

段落文本也是基于文本框而输入的文本，用户可以输入一段或多段文字。当输入的文字超出文本框的界定宽度后，将自动进行换行，使文字以文本框的大小进行排列。由于段落文本具有自动换行，可调整文字区域大小和形状等优势。在需要处理文字量较大时，可以使用段落文本来完成。

### 4. 修改点文本与段落文本

创建点文本或段落文本后，如果需要对文字内容进行修改，可再次选择横排文本工具或竖排文本工具，然后将光标移动到文本中，当光标变为形状时单击鼠标左键，即可激活文本编辑状态，此时可以对文本进行选取、删除或修改等操作。

除了修改文本内容外，还可以对文字格式进行修改，包括字体、字号和字符颜色等。选择横排文本工具或竖排文本工具后，在文本中按下鼠标左键并拖动，选中需要设置的文字，然后在属性栏中重新设置即可。

创建好文本后，如果要移动文本，只需选择移动工具，在图层面板中选中要移动的文本图层，然后在图像中按下鼠标左键并拖动即可。

对于段落文本，不但可以对文字内容进行修改，还可以对文本框进行修改。在输入段落文本时，如果文本超出文本框的范围，可以通过拖动文本框四周的控制点来改变文本框的大小。将光标移动到文本框外，当指针变为时，可以旋转文本框。

### 5. 改变文字的颜色

颜色选项就是改变文字的颜色，可以针对单个字符，如图 4-1-8 所示。

图 4-1-8　改变单个字符颜色

在更改文字颜色时，如果通过点击颜色缩览图，使用拾色器来选取颜色，效率会很低，特别是要更改大量的独立字符时非常麻烦。在选择文字后通过颜色调板"F6"来选取颜色则速度较快。如果某种颜色需要反复使用，可以将其添加到色板调板中。需要注意的是，字符处在被选择状态时，颜色将反相显示，如图 4-1-9 所示。在色板中指定为黄色后，在图像中却显示为蓝色。取消选择后颜色即可恢复正常，如图 4-1-10 所示。

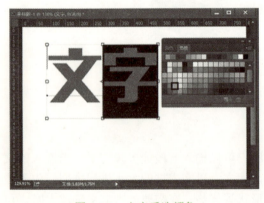

图 4-1-9　文字反选颜色

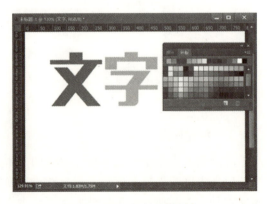

图 4-1-10　文字正常颜色

已经输入的横排文字可以转换为竖排文字，竖排文字也可以转换为横排文字。选中要更改的文本图层后，单击"文字"→"取向"命令，在其子菜单中选择"水平"或"垂直"命令，即可进行更改。此外，也可以单击文字工具属性栏中的"切换文本取向"按钮进行更改。

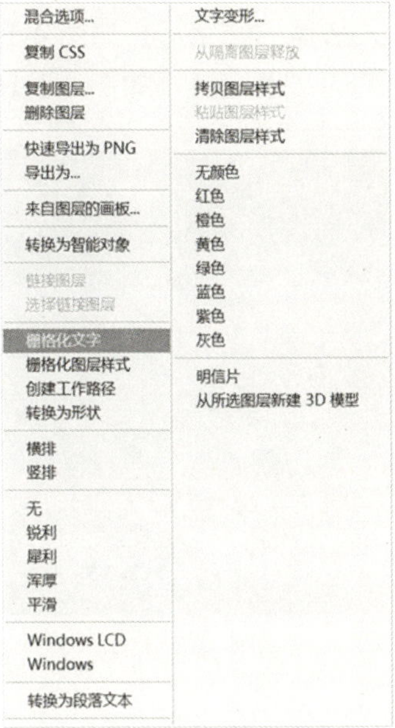

7. 栅格化文字

栅格化文字图层是指将文字图层转换成普通图层，在转换后的图层中能应用各种滤镜效果，文字图层以前所用的图层样式并不会因转换而受到影响，但无法再进行文字编辑操作。栅格化文字图层主要有如下两种方法。

- 在菜单栏上选择"图层"→"栅格化"→"文字"命令。
- 在"图层"面板中选择文字图层，单击鼠标右键，在弹出的快捷菜单中选择"栅格化文字"命令，如图 4-1-11 所示。

图 4-1-11 "栅格化文字"命令

栅格化文字前后的图层对比如图 4-1-12、4-1-13 所示。

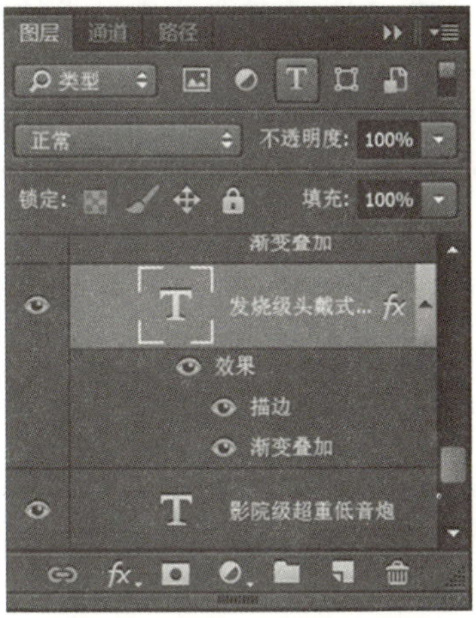

图 4-1-12　正常文字层

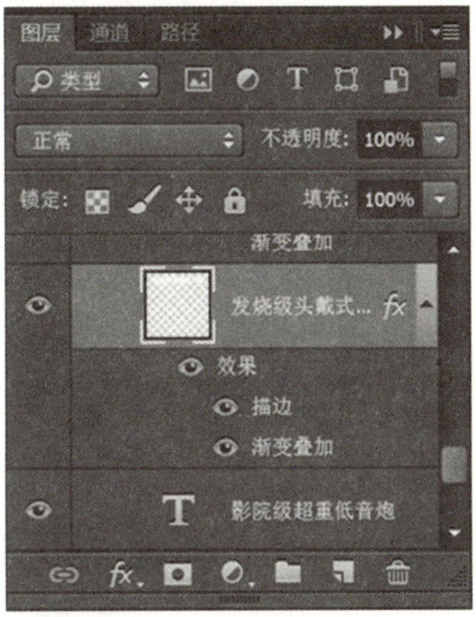

图 4-1-13　栅格化后的文字层

8. 使用文字蒙版工具创建文字选区

使用文字蒙版工具可以创建不带填充颜色的轮廓选区。实际上使用横排或直排文字蒙版工具创建的只是一个选区，而非文字。创建文字选区后，可以对选区进行填充、添加图层样式或滤镜等操作，从而制作出特效文字，如图 4-1-14 所示。

图 4-1-14　横排文字蒙版工具

选择工具箱中的横排文字蒙版工具或直排文字蒙版工具,在图像中单击鼠标左键,然后输入所需的文字后,如图4-1-15所示退出文字蒙版输入状态,即可分别创建出横向或纵向排列的文字选区,如图4-1-16所示。

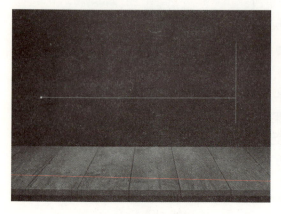

图4-1-15 文字蒙版创建文字

图4-1-16 文字转为选区

## 四、任务实施

1. 实训项目：安装字体

视觉设计中往往需要多变的字体来丰富视觉效果,Photoshop软件中有预设的字体库,但是我们也需要安装其他的字体来辅助设计工作。首先,通过网络下载字体存储在计算机中(如果是压缩包就解压)。安装字体的方法:复制字体文件直接粘贴到C盘/windows/Fonts文件夹里面,或者打开计算机控制面板,选择"字体"→"文件"→"安装新字体",然后选择需要安装的字体进行安装。

在本章素材库中找到"迷你简汉真广标""禹卫书法行书简体""方正正中黑简体""impact""经典中圆简""兰亭粗黑简"等字体文件,选择上述方法中的一种安装字体。

2. 实训项目：为主图添加文字信息,如图4-1-17所示。

图4-1-17 参考效果图

（1）在 Photoshop 软件打开"主图背景.jpg"素材图，如图 4-1-18 所示。在工具箱中选择横排文字工具，设置字体为"迷你简汉真广标"，大小为"96.83 点"，颜色为红色，输入"智能家电"创建文字图层，如图 4-1-19 所示。

图 4-1-18　素材

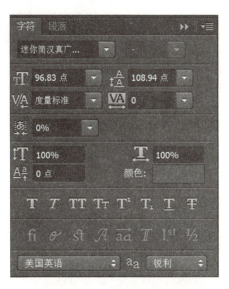

图 4-1-19　文字设置

（2）设置字体为"方正兰亭粗黑简"，大小为"101.01 点"，颜色不限，输入"488"创建文字图层，如图 4-1-20、4-1-21 所示。在"图层面板"底部找到"添加图层样式"按钮，为文字层添加"渐变叠加"效果，颜色为绿色渐变，角度为"-35 度"，如图 4-1-22、4-1-23 所示。

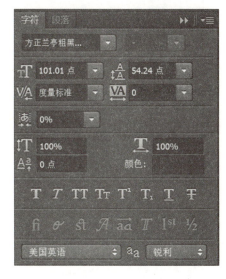

图 4-1-20　文字设置

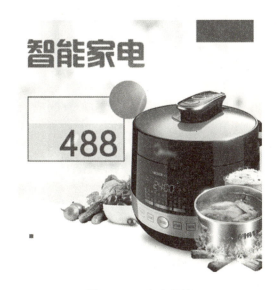

图 4-1-21　文字效果

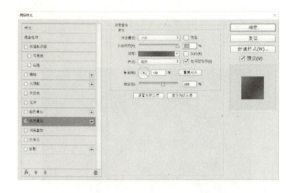

图 4-1-22 "渐变叠加"设置

图 4-1-23 渐变色设置

（3）对照图 4-1-17 的"参考效果图"的版面顺序，根据下列文字设置参考依次在主图相应位置添加文字信息，如图 4-1-24～图 4-1-30 所示。

图 4-1-24 "￥"文字设置

图 4-1-25 "低至"文字设置

图 4-1-26 "免费包退换"文字设置

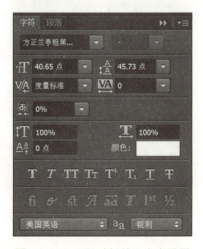

图 4-1-27 "限时促销"文字设置

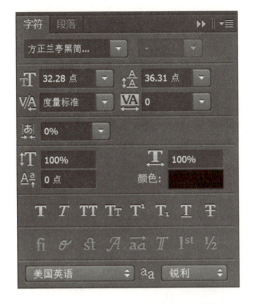
图 4-1-28 "省时省心"文字设置

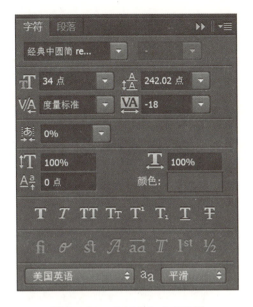
图 4-1-29 "WIFI"文字设置

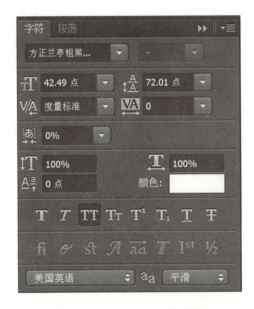
图 4-1-30 "logo"文字设置

## 五、思考与练习

1. 如何在 Photoshop 中创建文字？
2. 请使用文字工具尝试在给定素材（如图 4-1-31 所示）上制作文字效果，如图 4-1-32 所示。

图 4-1-31 "啤酒.jpg"素材

图 4-1-32 参考效果图

3. 请在给定素材（如图 4-1-33 所示）上制作文字效果，如图 4-1-34 所示。

图 4-1-33 "网页文字效果.jpg"素材图

图 4-1-34 参考效果图

## 4.2 文字的字体及样式调整

| 教学目标 | 1. 掌握使用字符面板设置字符样式；<br>2. 掌握使用段落面板设置段落样式；<br>3. 掌握图层样式的含义及使用方法；<br>4. 掌握图层样式在文字上的应用。 |
| --- | --- |

## 一、任务引入

漂亮的字体效果能吸引浏览者的视线，为了给电商网页图像上添加样式多样、生动形象的文字，我们继续学习字符样式及图层样式在文字上的使用。

## 二、任务分析

电商网页上的图像很重要，但是文字效果更加重要，它可以帮助浏览者快速的了解商品信息，同时通过突出的文字效果，对商品的特点更能一目了然。文字的特殊效果可以通过设计与制作来完成，这就需要我们能够使用 Photoshop 软件对文字进行制作。

## 三、相关知识

字符样式包括字体、字号、颜色等属性，除了可以在属性栏中进行设置外，还可以通过字符面板进行更详细的设置。段落样式包括对齐方式、间距和缩进等，可以使用段落面板进行设置，下面分别介绍。

### 1. 使用字符面板设置字符样式

在 Photoshop 中可以为文字设置各种不同的效果。选择文字工具后，在属性栏中单击"切换字符和段落面板"按钮，可打开"字符""段落"面板，如图 4-2-1 所示。

单击"字符"标签切换到"字符"面板，将鼠标指向某个选项图标，可以显示该选项的名称，如图 4-2-2 所示。除了常规的字体、字号、行距、字距和颜色等选项外，面板下方还有一排按钮，它们的含义如下。

图 4-2-1 字符面板　　　　　图 4-2-2 不同字体效果

- "仿粗体"按钮：设置字体的粗体效果，如"仿粗体"。
- "仿斜体"按钮：设置字体的仿斜体效果，如"仿斜体"。
- "全部大写字母"按钮：设置英文字母全部大写。
- "小型大写字母"按钮：设置小写字母为大写，但是字体大小不变，如"Abc"将被转化为"ABC"。
- "上标"按钮：设置文字上标，这在数学公式中经常使用，如"$X^2+Y^2=Z$"。

- "下标"按钮：设置文字的下标，如"H2SO4"。
- "下划线"按钮：为文字设置下划线，如"下划线"。
- "删除线"按钮：为文字设置删除线，如"删除线"。

2. **使用段落面板设置段落样式**

设置段落样式包括设置文字的对齐方式和缩进方式等，不同的段落样式具有不同的文字效果。选择文字工具后，将鼠标光标置于需要设置的段落中，在属性栏中单击"切换字符和段落面板"按钮，可打开"字符""段落"面板，单击"段落"标签切换到"段落"面板，各参数的具体含义如图4-2-3所示。

- 对齐方式按钮组：其中包括"左对齐文本"按钮、"居中对齐文本"按钮、"右对齐文本"按钮、"最后一行左边对齐"按钮、"最后一行中间对齐"按钮、"最后一行右边对齐"按钮和"全部对齐"按钮。
- 缩进方式按钮组：其中包括"左缩进"按钮、"右缩进"按钮和"首项缩进"按钮。
- 段后添加空格按钮组：其中包括"段前添加空格"按钮和"段后添加空格"按钮。
- "避头尾法则设置"下拉列表框：可设置换行集宽松或严谨。
- "间距组合设置"下拉列表框：可设置内部字符集间距。
- "连字"复选框：选中该复选框，可以将文字的最后一个外文单词拆开，形成连字符号，使剩余的部分自动换到下一行。

下面通过实例帮助读者了解创建段落文本的方法：

（1）打开"背景.jpg"素材图，在工具箱中选择横排文字工具，在属性栏中设置好字体、字号和字符颜色，或者通过"窗口"→"字符"调出字符面板进行设置，如图4-2-4所示。

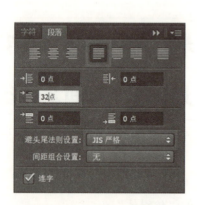

图 4-2-3　字符/段落面板

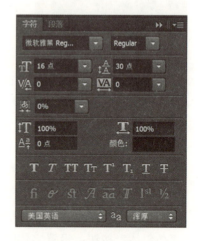

图 4-2-4　字符面板

（2）将鼠标指针移至图像编辑窗口中，按住鼠标左键并拖动，即可显示一个虚线框，至合适位置后释放鼠标左键，即可绘制出一个文本框，且显示一个闪烁的文字插入点光标，此时，输入相应文本信息即可，如图4-2-5所示。此处文本也可以事先在 Word 文档中创建好，按 Ctrl+C 组合键复制文档中的文字，回到 Photoshop 编辑窗口中按 Ctrl+V 组合键将文字粘贴进文本框内，如图 4-2-6、4-2-7 所示。

图 4-2-5  再次创建点文本

图 4-2-6  调节相关控制点

图 4-2-7  调节相关控制点

（3）鼠标反选段落文字，进行段落调整。鼠标点击文字工具属性栏中的"切换字符和段落面板"按钮，或者通过"窗口"→"段落"调出段落面板调整设置，如图 4-2-8、4-2-9 所示。

图 4-2-8  段落设置

图 4-2-9  效果参考图

**注意**：段落排版的时候有三个设置必须引起重视：1）避头尾法则设置：避头尾法则是指定亚洲文本的换行方式。即不能出现在一行的开头或结尾的字符称为避头尾字符。Photoshop 提供了基于日本行业标准（JIS）X 4051-1995 的宽松和严格的避头尾集。宽松的避头尾设置忽略长元音字符和小平假名字符。如果忽略设置，段落将出现类似段前出现标点符号的情况，这在中文的段落排版中是不被认可的。2）最后一行左对齐：提供文字两边对齐，最后一行左对齐，符合中文段落的排版特征，如果忽略设置，将出现每行文字长短不齐，影响段落美观。3）首行缩进：中文段落在每段起始都会缩进两个汉字的位置，所以这一步是段落排版中必要的设置。缩进多少点数的字符比较合适呢？例如本案例中字符的大小是 16 点，没有字间距，那么缩进就是 2 个 16 点，也就是 32 点。有字间距的时候还要把字间距算在内。

### 3. 使用图层样式制作效果

在 Photoshop 中可以为图层添加样式，从而制作出具有阴影、斜面和浮雕、光泽、图案叠加、描边等特殊效果的图像，使其更生动、美观。

（1）添加图层样式的方法

选中图层后，可以通过"图层"面板、"样式"面板及菜单栏中的相应命令为其添加图层样式。方法如下：

方法一：执行"窗口"→"样式"命令，打开"样式"面板，在"样式"面板中单击选择一种样式，即可快速应用图层样式效果，如图 4-2-10 所示。

方法二：执行"图层"→"图层样式"命令，在弹出的子菜单中选择相应的命令，打开"图层样式"对话框并进入相应效果的设置面板，如图 4-2-10 所示。

方法三：单击"图层"面板底部的"添加图层样式"按钮，在弹出的快捷菜单中选择相应的选项，打开"图层样式"对话框并进入相应效果的设置面板，如图 4-2-11 所示。

图 4-2-10 执行"窗口"→"样式"命令

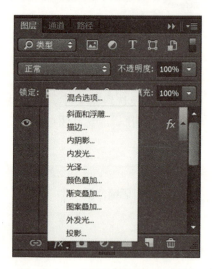
图 4-2-11 "添加图层样式"按钮

（2）图层样式介绍

在"图层样式"对话框中提供了 10 种效果，勾选效果名称前的复选框，即可在图层中添加该效果；取消勾选后，将停用该效果，但设置的效果参数将被保留。单击效果名称，即可进入该效果的设置面板。在设置好效果参数，勾选完需要应用的效果后，单击"确定"按钮，即可为图层添加效果。

1）斜面和浮雕

"斜面和浮雕"样式用于增加图像边缘的明暗程度，并增加高光使图层产生立体感。利用"斜面和浮雕"样式可以配合等高线来调整立体轮廓，还可以为图层添加纹理特效，如图 4-2-12、4-2-13 所示。

第 4 章　文字的简单处理

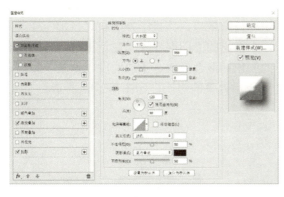

图 4-2-12　"斜面和浮雕"样式　　　　　　　图 4-2-13　"斜面和浮雕"前后对比

- "样式"下拉列表：用于设置立体效果的具体样式。有外斜面、内斜面、浮雕效果、枕状浮雕和描边浮雕 5 种样式；其中描边浮雕样式需要配合"描边"效果使用。
- "方法"下拉列表：用于设置立体效果边缘产生的方法，有平滑、雕刻清晰和雕刻柔和 3 种方法。"平滑"产生边缘平滑的浮雕效果；"雕刻清晰"产生边缘较硬的浮雕效果；"雕刻柔和"产生边缘较柔和的浮雕效果。
- "深度"文本框：用于设置立体感效果的强度，数值越大，立体感越强。
- "方向"单选项：用于设置阴影和高光的分布，选择"上"单选项，表示高光区域在上，阴影区域在下；选择"下"单选项，表示高光区域在下，阴影区域在上。
- "大小"文本框：用于设置图像中明暗分布，数值越大，高光越多。
- "软化"文本框：用于设置图像阴影的模糊程度，数值越大，阴影越模糊。
- "等高线"复选框：勾选该复选框，可以设置等高线来控制立体效果。
- "纹理"复选框：勾选该复选框，可以设置纹理应用到斜面和浮雕效果中。

2) 描边

"描边"样式就是使用一种颜色沿着图层的边缘进行填充，选择"描边"样式命令后，在弹出的"图层样式"对话框中将自动勾选"描边"复选框。"描边"样式和使用"描边"命令沿图像边缘进行描边相同，可以设置描边的宽度、位置、颜色、不透明度和图层混合模式等，如图 4-2-14 所示。完成描边后的对比效果，如图 4-2-15 所示。

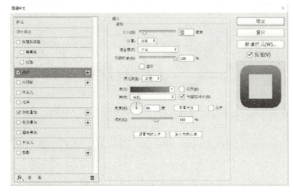

图 4-2-14　"描边"样式　　　　　　　图 4-2-15　描边前后对比

121

3) 内阴影

"内阴影"样式是指沿图像边缘向内产生的投影效果,其投影方向和"投影"样式的投影方向相反。选择"内阴影"样式命令后,在弹出的"图层样式"对话框中将自动勾选"内阴影"复选框,其参数设置包括内阴影的颜色、混合模式、不透明度、角度、距离、等高线和杂色等,如图 4-2-16 所示,完成内阴影后效果的对比,如图 4-2-17 所示。

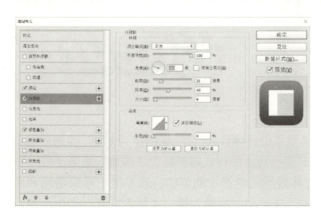 

图 4-2-16　"内阴影"样式　　　　　　　图 4-2-17　"内阴影"前后对比

4) 内发光

"内发光"样式和"外发光"样式的效果在方向上相反,"内发光"样式是沿着图层的边缘向内产生的发光效果。选择"内发光"样式命令后,在弹出的"图层样式"对话框中将自动勾选"内发光"复选框,其参数设置包括内发光的颜色、混合模式、不透明度、发光柔和方式、距离、等高线和杂色等,如图 4-2-18 所示。处理后的内发光效果对比,图 4-2-19 所示。

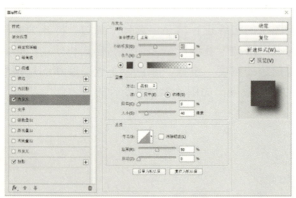 

图 4-2-18　"内发光"样式　　　　　　　图 4-2-19　"内发光"前后对比

-  用于设置内发光颜色为单色,单击其右侧的色块,即可在弹出的"拾色器"对话框中调制新颜色。
- 用于设置内发光颜色为渐变色,单击其右侧的按钮,即可在打开的列表框中选择其他渐变样式。

第 4 章 文字的简单处理

- "方法"下拉列表：用于设置内发光边缘的柔和方式，单击其右侧的按钮，即可在打开的下拉列表框中设置"柔和"或"精确"方式。
- "居中"单选项：选择该单选项，产生的内发光将从图层的中心向外进行过渡。
- "边缘"单选项：选择该单选项，产生的内发光将从图层的边缘向内进行过渡。
- "范围"文本框：用于设置内发光轮廓的范围，数值越大，范围越大。
- "抖动"文本框：用于设置内发光颗粒的填充数量，数值越大，颗粒越多。

5) 光泽

"光泽"样式用于在图像上填充颜色并在边缘部分产生柔滑的效果，用户可以根据需要通过调整等高线来控制颜色在图层表面产生的随机性。选择"光泽"样式命令后，在弹出的"图层样式"对话框中将自动勾选"光泽"复选框，其参数设置包括颜色、混合模式和不透明度、角度、距离、大小、等高线等，如图 4-2-20 所示。处理后的"光泽"效果对比，如图 4-2-21 所示。

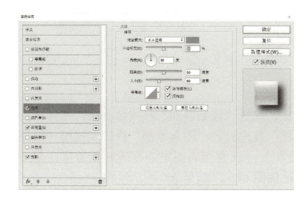

图 4-2-20　"光泽"样式

图 4-2-21　"光泽"前后对比

6) 颜色叠加

"颜色叠加"样式用于在图层上填充某种纯色，选择"颜色叠加"样式命令后，在弹出的"图层样式"对话框中将自动勾选"颜色叠加"复选框，其参数设置包括颜色、混合模式和不透明度等，如图 4-2-22 所示。处理后的"颜色叠加"效果对比如图 4-2-23 所示。

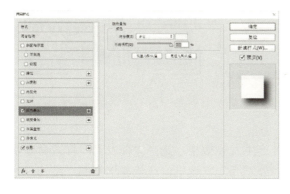

图 4-2-22　"颜色叠加"样式

图 4-2-23　"颜色叠加"前后对比

7）渐变叠加

"渐变叠加"样式用于在图层上填充渐变颜色，选择"渐变叠加"样式命令后，在弹出的"图层样式"对话框中将自动勾选"渐变叠加"复选框，其参数设置包括渐变颜色、样式、角度和缩放等，如图 4-2-24 所示。处理后的"渐变叠加"效果对比如图 4-2-25 所示。

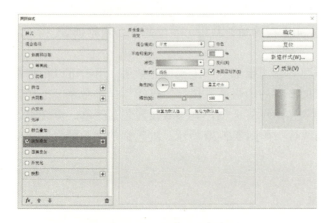

图 4-2-24  "渐变叠加"样式　　　　　图 4-2-25  "渐变叠加"前后对比

8）图案叠加

"图案叠加"样式用于在图层上填充图案，选择"图案叠加"样式命令后，在弹出的"图层样式"对话框中将自动勾选"图案叠加"复选框。"图案叠加"样式和使用"填充"命令填充图像类似，不同的是通过"图案叠加"样式叠加的图案并不破坏原图像，如图 4-2-26 所示。处理后的"图案叠加"效果对比如图 4-2-27 所示。

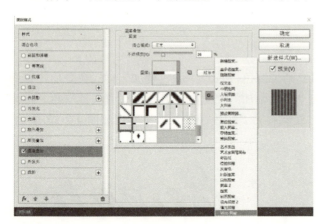

图 4-2-26  "图案叠加"样式　　　　　图 4-2-27  "图案叠加"前后对比

9）外发光

"外发光"样式是指沿着图层的边缘向外产生发光效果。选择"外发光"样式命令后，在弹出的"图层样式"对话框中将自动勾选"外发光"复选框。在该复选框的"结构"栏中设置外发光的混合模式、不透明度和杂色等选项；在"品质"栏中设置外发光的等高线、清楚锯齿、范围和抖动等，如图 4-2-28 所示。处理后的外发光效果图如图 4-2-29 所示。

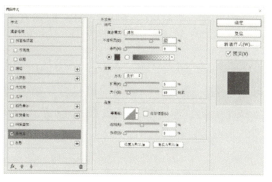

图 4-2-28 "外发光"样式　　　　　　　图 4-2-29 "外发光"前后对比

10) 投影

"投影"样式用于模拟物体受到光照后产生的效果,主要用于突显物体的立体感。选择"投影"命令后,在弹出的"图层样式"对话框中将自动勾选"投影"复选框,其参数设置包括阴影的混合模式、透明度、色彩、光线角度和模糊程度等,如图 4-2-30、4-2-31 所示。

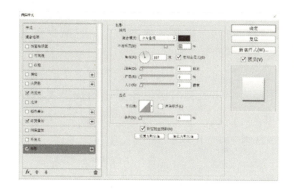

图 4-2-30 "投影"样式　　　　　　　图 4-2-31 价格做投影效果前后对比

- "混合模式"下拉列表框:单击其右侧的下拉按钮,即可在打开的下拉列表框中选择不同的混合模式。
- "投影颜色"色块:单击"混合模式"下拉列表框右侧的色块,即可在弹出的"拾色器"对话框中设置投影的颜色。
- "不透明度"文本框:用于设置投影的不透明度,可以拖动其右侧的滑块或在文本框中输入数值来改变图层的透明度,数值越大,投影颜色越深。
- "角度"文本框:用于设置投影的角度,可以通过选择角度指针进行角度的设置,也可以在其右侧的文本框中输入数值来确定投影的角度。
- "使用全局光"复选框:用于设置时采用相同的光线照射角度。
- "距离"文本框:用于设置投影的偏移量,数值越大,偏移量越大。
- "扩展"文本框:用于设置投影的模糊边界,数值越大,模糊的边界越小。

- "大小"文本框：用于设置模糊的程度，数值越大，投影越模糊。
- "等高线"下拉列表：用于设置投影边缘的形状，单击其右侧的按钮，即可在弹出的下拉列表中选择不同的等高线样式。

4. 显示与隐藏图层样式

添加图层样式后，可以通过图层效果前的可见性图标来控制效果的可见性。单击效果名称前的可见性图标使其隐藏，即可隐藏该效果；再次单击使可见性图标显示，即可再次显示该图层效果。

5. 修改图层样式

添加图层样式后，如果对效果不满意，可以进行修改。在"图层"面板中双击需要修改的效果名称，可以打开"图层样式"对话框并进入相应的设置面板，根据需要修改该效果的参数或在"图层样式"对话框中设置新效果，完成后单击"确定"按钮即可，如图4-2-32 所示。

6. 复制、粘贴与清除图层样式

在为图层添加了图层样式后，用户可以根据自己的需要有选择地将图层样式进行复制、粘贴和清除等操作。

（1）复制与粘贴图层

图层样式设置完成后，可通过复制图层样式操作将其应用到其他图层上，以减少重复操作，提高工作效率。复制并粘贴图层样式主要有以下两种方法。

**方法一**：在添加有图层样式的图层上单击鼠标右键，在弹出的快捷菜单中单击"拷贝图层样式"命令，然后在需要粘贴图层样式的图层上单击鼠标右键，在弹出的快捷菜单中单击"粘贴图层样式"命令即可，如图4-2-33 所示。

图 4-2-32 图层样式设置

图 4-2-33 拷贝图层样式

**方法二**：将鼠标光标移动到图层中图层样式的标记上，按住"Alt"键的同时按住鼠标左键进行拖动，将图层样式拖动到其他图层上，然后释放鼠标即可。

（2）清除图层样式

在"图层"面板中右键单击添加了图层样式的图层，在弹出的菜单中单击"清除图层样式"命令，即可清除该图层上的所有图层样式，如图 4-2-34 所示。

图 4-2-34　清除图层样式

## 四、任务实施

实训项目：制作特效文字，效果如图 4-2-35 所示。

（1）打开"棋逢对手.jpg"素材图，使用工具箱中的"横排文字工具"，设置前景色为灰色，字体为"造字工房力黑常规体"（从本书素材库中安装字体），字体大小为"131 点"，如图 4-2-36 所示；输入文字内容"棋逢对手"创建文字图层并单独放大突出"棋"字。

图 4-2-35　参考效果图

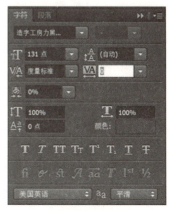

图 4-2-36　新建文件

（2） 在"图层面板"底部找到"添加图层样式"按钮，为文字层添加"渐变叠加"效果，渐变为金属色，样式为"线性"角度为"90度"，如图4-2-37所示。

（3） 为文字层添加"斜面和浮雕"效果，样式为"内斜面"，深度"100%"，方向为"上"，大小"6像素"；阴影角度为"90度"，高度"30度"光泽等高线为"线性"，高光模式为"正常"，不透明度"26%"，阴影颜色为"黑色"，阴影模式为"柔光"，不透明度"23%"，如图4-2-38所示。

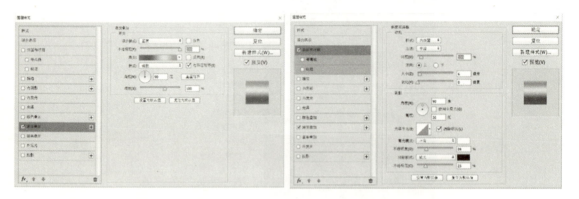

图4-2-37　"渐变叠加"效果设置　　　　图4-2-38　"斜面和浮雕"效果设置

（4） 为文字层添加"描边"效果，大小为"2像素"，位置"内部"，混合模式"颜色减淡"，不透明度"100%"。填充类型为"渐变"，样式为"线性"，角度为"-90度"，如图4-2-39所示。

（5） 为文字层添加"光泽"效果，混合模式为"叠加"，颜色为"白色"，不透明度"50%"，角度"90度"，距离"10像素"，大小"32像素"，等高线为"画圆步骤"，如图4-2-40所示。

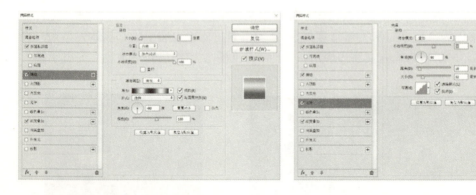

图4-2-39　"描边"效果设置　　　　图4-2-40　"光泽"效果设置

（6） 为文字层添加"外发光"效果，混合模式为"正常"，不透明度"62%"；图素扩展"0%"，大小"5像素"。品质等高线为"线性"，范围"50%"，抖动"0%"，如图4-2-41所示。

（7） 为文字层添加"投影"效果，颜色为"黑色"，混合模式为"正常"，不透明度

"61%",角度"30度",距离"6像素",扩展"0%",大小"7像素",如图4-2-42所示。

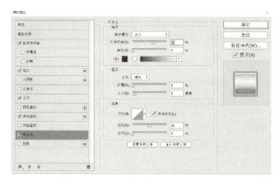

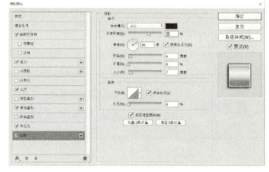

图4-2-41 "外发光"效果设置　　　　　图4-2-42 "投影"效果设置

（8）初步完成特效文字制作，如图4-2-43所示。

（9）在编辑好的文字图层单击右键，执行"栅格化文字"命令。按住"Ctrl+T"组合键对图层进行"变换"操作，在图像窗口单击右键调出快捷菜单，执行"透视"命令，对文字进行透视变形，如图4-2-44所示，操作完成后按"Enter"键确认并保存图像。

图4-2-43 文字效果参考图　　　　　图4-2-44 "透视"变换操作

## 五、思考与练习

1. 如何启用图层样式？
2. 请尝试使用图层样式制作图4-2-45、4-2-46所示文字图像效果（两幅中可任选一幅）。

图4-2-45 字体效果（1）　　　　　图4-2-46 字体效果（2）

## 4.3 广告字的制作

| 教学目标 | 1. 掌握广告文字造型及特征；<br>2. 掌握简单广告字体的制作方法。 |
| --- | --- |

### 一、任务引入

在制作电商网页时，广告文字是在图像之后，更能直接地吸引顾客的内容。广告文字的造型与特征是否与商品内涵相统一，是广告文字设计的重点。同时，要求读者能够根据商品的特点，制作出相对应的广告文字。

### 二、任务分析

为电子商务网页图像添加广告文字，可以吸引浏览者或者顾客的眼球；如果广告文字的设计与制作能够符合商品的特点，会达到更好的宣传效果。首先，我们要重点掌握广告文字的常用字体，并通过实例进行巩固，在此基础上，继续加深学习广告文字的制作方法，并进行实例应用；最终可以使读者能够使用 Photoshop 进行广告文字的设计与制作。

### 三、相关知识

#### 1. 广告文字

文字作为广告设计三大要素之一，在广告设计中占有重要的地位，文字设计的好坏，直接影响广告版面的视觉效果。广告文案和字体是广告文字的重要组成部分。

一方面，文字作为语言符号，观众是通过广告文案来了解广告内容；另一方面，字体选择的目的是使文字同广告内容及形式相呼应，增强广告的视觉效果。广告设计中文字设计主要包括：标题、广告语、正文、随文等内容。在设计应用时，应当注意广告文字创意表现的基本准则，以及文字的字体、字号、字据与行距、文字的编排形式等要素。

#### 2. 广告设计中常用的字体

（1）书法字

汉字在发展过程中产生了许多书法，主要有篆书、隶书、楷书、行书、草书等。运用这些字体表现广告主题的品格，能体现书家神妙的运笔意趣，具有高度的审美价值和超常表现力，并洋溢着浓厚的中国文化气息，如图 4-3-1、4-3-2 所示。

图 4-3-1　广告中的书法字（1）　　　　　图 4-3-2　广告中的书法字（2）

（2）印刷体

供排版印刷用的规范化文字形体，包括汉字中的黑体、宋体，英文中的古罗马体和现代罗马体等。现代化的技术手段为印刷字体设计开辟了一个崭新的领域，形成了庞大的中英文印刷字体系统。印刷字体的运用讲究艺术效果和科学技术的相互集合，高效而方便，如图 4-3-3 所示。

图 4-3-3　广告中的印刷体

（3）美术体

美术体是在印刷体的基础上，根据广告主题和创意表现的特定要求所进行的具有图形性的字体设计，它不仅要求有很好的传达力度，而且要有很高的审美价值。在广告设计中对于广告设计中对于广告标题、产品或企业名等常采用这种文字计划，如图 4-3-4、4-3-5 所示。

图 4-3-4　广告中的美术体　　　　　　　图 4-3-5　广告中的美术体

3. 广告设计中字体的风格

（1）端庄典雅：字体优美抒情，格调高雅，给人以华丽高贵之感，适用于女性化妆品等广告主题。

（2）坚固挺拔：字体造型富于力度，给人以简洁爽朗的现代感，有较强的视觉冲击力，适用于家用电器等广告主题。

（3）深沉浓厚：字体造型规整，具有重量感，庄严雄伟，给人以不可摇动的感觉，适用于工程机械等广告主题。

（4）欢快轻盈：字体生动活泼，跳跃明快，有鲜明的节奏感，适用于儿童用品、旅游等广告主题。

（5）苍劲古朴：字体朴素无华，包含故事之风韵，适合于传统产品等广告主题。

（6）新颖奇特：字体造型设计奇妙，个性突出，给人以强烈独特印象和刺激感，适合于创新产品等广告主题。

4. 广告字设计的准则

（1）针对性

广告文字设计重要的一点在于符合广告的主题，要与其风格特性吻合一致，不能相互脱离，更不能相互冲突，破坏了文字的诉求效果。字体的设计需要与所设计信息的具体内容、词义相配合，应根据宣传对象、字体所处的环境来选择设计，这样才能表里一致，发挥出文字感染力的最大功能。

（2）易读性

文字创意设计应该考虑到文字的整体诉求效果，给人以清晰的视觉印象。因此，在设计时要避免繁杂凌乱，减去不必要的装饰变化，使人易认、易懂，不能为设计而设计，而忘记了文字设计的根本目的是为了更好、更有效地传达广告信息，表达广告的主题和构想意念。

（3）美观性

文字在视觉传达中作为画面要素之一，具有传达感情的功能，因而它必须具有视觉上的美感，能给人以美的感受。字型设计的很好、组合巧妙的文字能使消费者看后感到愉快，留下美的印象，获得良好的心理反应。

（4）统一性

广告中的字体应该注意不同字体之间和谐，一幅广告的字体不能太多，以免造成纷乱的感觉，并力求几种字体的选择在广告设计中是最为讲究的，字体的大小要服从整个广告的设计需要。

（5）创造性

根据广告主题的要求，突出文字设计的个性色彩，创造与众不同的独具特色的字体，给人以别开生面的视觉感受，这就是文字设计的创新性。

5. 广告设计中文字的应用

在缤纷的广告创意中，字体的应用也是一个非常值得关注的点。

字体作为创意表现形式的重要参数之一，具有形象的诉求力量。如：不同的字体有不同的性格情感倾向；不同的文字编排组合，会给人不同的阅读感受和视觉感受。广告中运用合适的字体会使整个设计变得更加完美。

（1）以文字为主的广告设计

在广告设计中文字处于主导地位，应该选择富有变现力的字体，即字体要清晰、明了、易看。如图4-3-6、4-3-7所示。

图4-3-6  文字为主的广告设计（1）

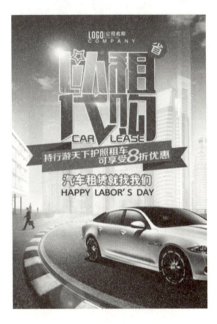

图4-3-7  文字为主的广告设计（2）

（2）文字图形化的广告设计

文字作为图形元素具有双重性，比单纯的图形更富于表现力和视觉冲击力。首先字意本身就是最明确、最有说服力的，具有信息传递的准确与直接性等特点；其次，文字的图形化特征，使文字从字意的传达到图形的传达成为可能，并具有极强的可塑性。文字在图形中的转化，可以增加其直觉趣味，并使文字的内容含义通过其结合的广告设计主题多方面地表达出来，将其所表达的意念强化、提示化、个性化，让人们感受到广告艺术品位和魅力，如4-3-8所示。

（3）文字和图形结合的广告设计

广告设计中文字除了参与到画面的形式构成之外，还扮演着构成画面意境之美的重要角色。文字和图形结合共同传达信息，延展了文字所表达的内容，使广告主题的表现更为饱满。如文字配合相关图像，即利用与文字有关的图像来装饰文字，如图4-3-9所示。

（4）利用文字编排形式的广告设计

文字编排在广告设计中具有极大的表现力，它直观而富有艺术性地传达着广告的主题。例如文字排列的大小、疏密、聚散等诸多关系，都可以微妙地表达主题的情感因素。

图 4-3-8　文字图形化的广告设计

图 4-3-9　文字和图形结合的广告设计

## 四、任务实施

实训项目：制作海报的文字大标题，效果如图 4-3-10 所示。

图 4-3-10　效果参考图

（1）在本章素材库中找到"禹卫书法行书简体"和"方正正中黑简体"字体文件并安装字体，如图 4-1-11 所示。

图 4-3-11　字体文件的图标样式

（2） 在 Photoshop 软件打开"坚果海报.png"素材图，选择"横排文字工具"，在字符面板中设置字体为"禹卫书法行书简体"，颜色为红色，在适当的位置创建点文字"坚"，如图 4-1-12 所示。

图 4-3-12　创建点文字

（3） 在"图层面板"底部找到"添加图层样式"按钮，为文字层添加大小为 10 像素、白色的描边效果和距离为 14 像素、角度 120 的投影效果，如图 4-1-13、4-1-14 所示。

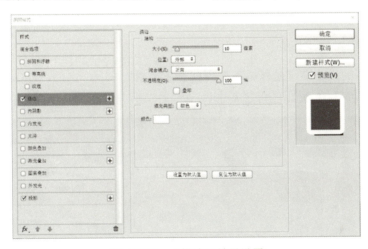

图 4-3-13　"描边"效果设置

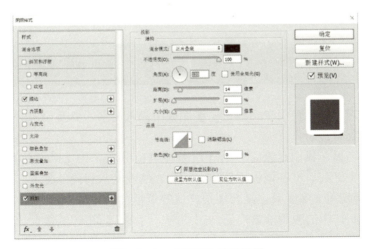

图 4-3-14　"投影"效果设置

（3）复制文字层。按住 Alt 键的同时，鼠标左键拖动画面中的"坚"字（光标变成一虚一实叠在一起的双箭头），复制文字层；在图层面板双击文字层副本的缩略图，当画面中的文字层反相显示的时候，用文字工具更改"坚"字为"果"字，并使用变换控件调整文字大小和位置；用同样的方法制作出"情"、"谊"两个字，如图 4-3-15 所示。

图 4-3-15　制作海报大标题

（4）用横排文字工具继续添加其他文字信息，完成后保存即可。

### 五、思考与练习

1. 广告文字的设计准则是什么？有哪些基本要求？
2. 请参照图 4-3-16 制作广告艺术字。

图 4-3-16　广告艺术字

## 4.4　本章小结

本章我们学习了如何使用 Photoshop 在图像中输入文字，以及如何对文字进行编辑和简单的图像效果处理。

学习完本章之后，我们应该能够：（1）掌握 Photoshop 中文字工具的基本使用方法；（2）会使用文字工具、文字调板来创建、编辑、修改文本和段落文本，进行字体和样式的调整；（3）会使用文字工具，结合图层样式等调板，制作简单的广告字和艺术字效果。

文字在图像制作中的应用非常广泛，在广告、封面、店招等图像设计中都起着非常重要的作用，初学者一定要多加练习。

# 第 5 章

# 图像处理技法——抠图

在图像处理中，抠图是至关重要的一个环节，在图像合成、特效处理、海报制作、网页图片制作等方面均有着广泛的应用，抠图的范围可以是人像、商品、静物、自然景色、建筑物等，也可以是某个局部的精细处理部分。按照抠图主体的难易程度，可以分为简单背景图像快速抠图、手工精细抠图和复杂图像抠图。

## 5.1 简单背景图像快速抠图

| 教学目标 | 1. 了解简单背景图像的特点；<br>2. 理解选区的概念和选框工具基本操作；<br>3. 熟悉魔术棒和套锁工具的操作方法；<br>4. 能够利用工具进行简单背景的快速抠图。 |
|---|---|

###  一、任务引入

开始简单背景图像快速抠图具体操作之前，需要对简单背景图像的性质和特点进行一定的了解，对选区的基本操作有所理解这样才有利于我们下一步的学习。

###  二、任务分析

简单背景图像一般是指背景颜色简单并且不含纹理花样的图像，观察图像很容易区分出背景和前景，我们需要了解简单背景图像的特点，理解选区的概念，对魔术棒工具、套索工具和选框工具的创建、编辑、保存和选择等基本操作熟练使用，对简单背景图像抠图才能更加合理有效。

###  三、相关知识

1. 简单背景图像特点

简单背景图像并不单纯指单一背景颜色的图像，而是用工具选择时人物和背景是否容易分离为依据，对于人物图像也不能过于复杂，颜色不能过多，过于混乱的颜色不能称之为简单背景图像，简单背景图像的优点是抠图时简单方便，如图5-1-1所示，缺点是对于散乱头发的图像则只能抠取部分图像，不能把头发的动态轨迹完整的移动，也不能抠取背景颜色复杂或加之特效的图像。

2. 在我们抠图时，都要对一些指定的对象和区域建立选区。而对于一些规则的图形如矩形、圆形等比较好建立选区，而不规则的图形则需要运用多种方法。

（1）选框工具：首先是"选框工具"中"矩形选框工具"，"椭圆选框工具"，"单行选框工具"以及"单列选框工具"，在图像中选择要制作选区的位置，按住鼠标左键向另一个方向进行拖动，如图5-1-2所示。

（2）套索工具："套索工具"中的"套索工具"

图 5-1-1 简单背景人物图像

（可以自由选择）和"多边形套索工具"（绘制多边形）。如果想对选区设置，可以选择上方的属性栏进行调整，如图 5-1-3 所示。

（3）魔棒工具："魔棒工具"是根据颜色和容差来创建选区。它寻找像素颜色值，容差来调整色彩范围大小。简单来说就是使用它在图像上单击，颜色大致相同的被选中。我们也可以用"添加到选区"按钮连续选择选区，如图 5-1-4 所示。

图 5-1-2　选框工具组　　　　图 5-1-3　套索工具组　　　　图 5-1-4　魔棒工具组

## 四、任务实施

**实训项目：简单背景图像快速抠图**

（1）在 Photoshop 软件中打开"长颈鹿.jpg"素材图，观察图像后发现图片是灰白色背景，背景和长颈鹿较容易分离，因此选择"魔棒工具"进行点击背景，然后选择"选区相加"按钮，或者按住"Shift"键点击背景"加选"适当的添加选区（按住"Alt"键点击可"减选"）直至整个背景都被选中。

> **提示：**
> 容差值的设置直接影响选区的选择，任务实施过程中可分别设置容差 20 和 60，观察两者的选取效果，有利于今后更好地驾驭魔棒工具，如图 5-1-5、5-1-6 所示。

图 5-1-5　容差值 20　　　　　　　　图 5-1-6　容差值 60

（2）对选区按住删除键，则直接把背景删除，也可以选择"反选"按钮，或者按住"Ctrl+Shift+I"组合键进行"反选"操作，将长颈鹿从画面中"提取"出来，如图 5-1-7 所示；由于魔棒工具是基于色彩范围的选择工具，为避免边缘色彩残余，在不破坏图像形状的情况下可适当收缩选区 1 个像素左右，如图 5-1-8 所示。

图 5-1-7　反向选择

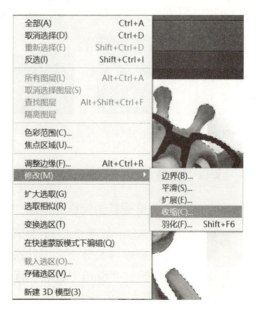

图 5-1-8　收缩选区

（3）打开"长颈鹿背景.jpg"素材图（如图 5-1-9 所示），将选取的长颈鹿形象拖到背景素材中调整位置和大小，完成后保存即可，如图 5-1-10 所示。

图 5-1-9　"长颈鹿背景.jpg"素材图

图 5-1-10　合成效果图

### 五、思考与练习

1. 你认为选区的作用有哪些？
2. 请举例说明简单背景图像都可以用哪些工具抠图？
3. 请利用本节所学内容对图 5-1-11 和图 5-1-12 进行抠图练习。

第 5 章　图像处理技法——抠图

图 5-1-11　抠图练习（1）

图 5-1-12　抠图练习（2）

## 5.2　手工精细抠图

| 教学目标 | 1. 了解钢笔工具的使用范围；<br>2. 理解锚点曲线调整方法；<br>3. 熟悉钢笔工具勾画路径抠图的方法。 |
| --- | --- |

###  一、任务引入

在电子商务网页图像制作中，经常要抠取一些对边缘要求高一些的图像，这些图像并不能用简单的选区工具直接选中，而是需要对边缘细细描绘，有的还需要进行边缘羽化处理，以达到和网页整体风格相统一的图像。

###  二、任务分析

对于抠图来说，使用魔棒工具、选框工具以及套索工具是抠取图像的基础，适用于背景颜色较单一并且边缘较清晰的图像，而对于颜色复杂边缘模糊的图像，就需要使用钢笔工具勾画路径的方式来抠取。

###  三、相关知识

1. 钢笔工具

钢笔工具在绘图软件中，是用来创造路径的工具，创造路径后，还可再编辑。钢笔工具属于矢量绘图工具，其优点是可以勾画平滑的曲线，在缩放或者变形之后仍能保持平滑效果。钢笔工具画出来的矢量图形称为路径，矢量的路径是不封闭的开放状，如果把起点与终点重合绘制就可以得到封闭的路径。在 Photoshop 中提供多种钢笔工具。常用的有标准钢笔工具和自由钢笔工具，标准钢笔工具可用于绘制具有最高精度的图像；自由钢笔工具可用于像使用铅笔在纸上绘图一样来绘制路径，磁性钢笔选项可用于绘制与图像中已定义区域的边缘对齐的路径。可以组合使用钢笔工具和形状工具以创建复杂的形状。

（1）创建曲线的一般方式。在曲线改变方向的位置添加一个锚点，然后拖动构成曲线形状的方向线。方向线的长度和斜度决定了曲线的形状。如果使用尽可能少的锚点拖动曲线，可更容易编辑曲线并且系统可更快速显示和打印它们。使用过多点还会在曲线中造成不必要的凸起，请通过调整方向线长度和角度绘制间隔宽的锚点与练习设计曲线形状。

（2）具体操作方法。将钢笔工具定位到曲线的起点，并按住鼠标按钮。此时会出现第一个锚点，同时钢笔工具指针变为一个箭头（在 Photoshop 中，只有在开始拖动后，指针才会发生改变）。拖动以设置要创建的曲线段的斜度，然后松开鼠标按钮。一般而言，将方向线向计划绘制的下一个锚点延长约三分之一的距离。按住 Shift 键可将工具限制为 45°的倍数，拖动曲线中的第一个点用下面字母来表示，A 图像代表定位钢笔工具；B 图像代表开始拖动，鼠标按钮按下时；C 图像代表拖动以延长方向线，如图 5-2-1 所示。

选择好开始点后，将"钢笔"工具定位到希望曲线段结束的位置，需要执行如图 5-2-2 所示图形。

图 5-2-1　钢笔工具起点

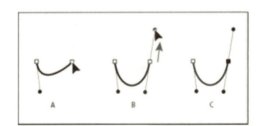

图 5-2-2　钢笔工具结束点

绘制曲线中的第二个点时，A 代表开始拖动第二个平滑点，B 代表向远离前一条方向线的方向拖动，C 代表松开鼠标按钮后的结果，若要创建 S 形曲线，应按照与前一条方向线相同的方向拖动。然后松开鼠标按钮，如图 5-2-3 所示。

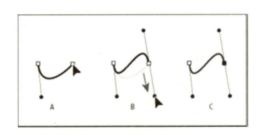

图 5-2-3　钢笔工具结束点

（3）闭合路径。如果把起点和终点重合绘制就会得到闭合路径，把闭合路径变成选区的组合键是 Ctrl+Enter，把选区取消的组合键是 Ctrl+D，在电子商务网页图像中经常用

第 5 章　图像处理技法——抠图

到组合键,既合理又有效。

四、任务实施

**实训项目:使用钢笔工具将图 5-2-4 中的沙漏提取出来。**

(1) 在 Photoshop 中打开"沙漏.jpg"素材图,首先分析素材,背景虽然单一,但是透明玻璃部分和背景区分度小,而且沙漏底部的投影和沙漏紧密相连,如果用之前学过的魔棒工具,很难将沙漏完整提取出来。选择钢笔工具的优点在于可以轻松控制每个地方的转折、起伏、细节等。

(2) 选中钢笔工具,设置钢笔属性栏中的"路径",另外,属性栏中的"自动添加"和"删除"也可勾上。

(3) 当使用钢笔工具在图片上进行点击时,它就会创建一个新的锚点,允许你控制形状、大小和曲线路径。你可以在画面上找一个地方"下笔",用钢笔工具点下第一笔后,就会产生一个"锚点"。然后,继续点下一笔(产生下一个"锚点")。这时,我们需要知道两个是 PS 钢笔抠图中很关键的问题!

① 抠图中锚点一般落在哪里比较合适?

在如图 5-2-5 所示中的黑点就是我们说的锚点。锚点一般落在有明显转折或起伏的地方,即锚点尽量落在有转折的地方。

图 5-2-4　"沙漏.jpg"素材图

图 5-2-5　钢笔抠图锚点示例

② 锚点落下后鼠标往哪个方向移动?

弄懂这个问题前我们先得知道一些基本的概念,当你在图片上进行点击时,就创建了一个新锚点,可以尝试着点击并拖动锚点,就会出现可把调整路径分开的 Bezier 曲线。Bezier 曲线中,底部可调整以前的曲线,而前面的则可调整下一个曲线。

每个锚点(正方形黑点)都会产生两个控制点和两个控制线。注意:控制点是圆形的、锚点是方形的。前控制线将决定下一条路径(线条)的弧度、后控制线和后控制点用来调整它之后的路径的。

根据图 5-2-6 所示,我们可以看出,前控制线不同的角度,以及控制线的长度都决定

143

了路径的弧度以及和主体物柱体的"贴合"长度。随着操作的熟练程度逐渐增加，就会对钢笔工具掌控自如，知道前控制线大概需要多长、多少角度。

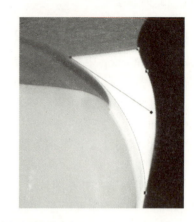

图 5-2-6　调整控制线使路径与画面贴合

（4）　使用钢笔抠图时还应注意：操作过程中应随时放大图像局部以便精确查看锚点的落脚点（按住 Alt 键的同时滚动鼠标滚轮可放大或缩小图像）；路径最后一定要记得闭合，第一个锚点在哪里，最后一个锚点也要在哪里，如图 5-2-7 所示。

（5）　路径闭合后，按"Ctrl+Enter"组合键将路径转换为选区，在不影响沙漏外形的情况下可适当地对选区收缩 1 个像素，如图 5-2-8 所示。

图 5-2-7　闭合路径　　　　　　　　　图 5-2-8　将路径转换为选区

（6）　打开"沙漏背景.jpg"素材图，将选取的沙漏拖到背景素材中调整位置和大小，在沙漏图层下方新建一个图层，选择"画笔工具"，设置背景色为黑色，画笔硬度为"0%"，紧贴沙漏底部绘制阴影，调整阴影层不透明度，如图 5-2-9、5-2-10 所示。完成后保存即可。

第 5 章　图像处理技法——抠图

图 5-2-9　绘制阴影

图 5-2-10　最终效果图

### 五、思考与练习

1. 使用钢笔工具绘制闭合路径有哪些注意事项？
2. 在绘制 S 曲线时起点和重点的方向分为哪几种？
3. 把闭合路径变成开放路径的快捷键是什么？
4. 请使用钢笔工具把如图 5-2-11、5-2-12 所示的商品选取出来，保存成 psd 文件。

图 5-2-11　抠图练习（1）

图 5-2-12　抠图练习（2）

## 5.3　复杂图像抠图

| 教学目标 | 1. 了解快速选择工具的特点；<br>2. 理解通道的概念和基本操作；<br>3. 能够对复杂人像和建筑物进行抠图。 |
|---|---|

145

## 一、任务引入

前面讲述了简单背景图像抠图的方法和手工精细抠图的方法,在电子商务网页图像中经常有一些复杂的图像需要进行抠图处理,为了使电子商务网页图像传达的信息增强读者的吸引力,起到宣传、销售等多重作用,就需要进行复杂处理。

## 二、任务分析

复杂图像抠图可以用多种工具来完成,如快速选择工具和通道、滤镜等,本节将着重介绍快速选择工具和通道两种重要的方法来进行复杂图像抠图。

## 三、相关知识

### 1. 快速选择工具

快速选择工具类似于笔刷,并且能够调整圆形笔尖大小绘制选区。在图像中单击并拖动鼠标即可绘制选区。这是一种基于色彩差别但却是用画笔智能查找主体边缘的新颖方法。快速选择工具的优点就是我们做了选区之后,我们还可以在之前的基础上继续做选区。而且,我们还可以删减选区,按住"Alt"键,当发现鼠标"加号"变成"减号",就可以把之前的选区擦除,按住"Ctrl"键,可以直接移动选区。

### 2. 通道

通道的概念,是由遮板演变而来的,也可以说通道就是选区。在通道中,以白色代替透明表示要处理的部分(选择区域);以黑色表示不需处理的部分(非选择区域)。因此,通道也与遮板一样,没有其独立的意义,而只有在依附于其他图像(或模型)存在时,才能体现其功用。而通道与遮板的最大区别,也是通道最大的优越之处,在于通道可以完全由计算机来进行处理,也就是说,它是完全数字化的。在 Photoshop 中,在不同的图像模式下,通道是不一样的。通道层中的像素颜色是由一组原色的亮度值组成的,通道实际上可以理解为是选择区域的映射。通道的不同,自然我们给它们的命名就不同,通道可建立精确的选区,运用蒙板和选区或是滤镜功能可建立毛发白色区域代表选择区域的部分,存储选区和载入选区时也可以用到通道,利用通道能看到精确的图像颜色信息,有利于调整图像颜色,不同的通道都可以用 256 级灰度来表示不同的亮度。

(1) Photoshop 通道分为 Alpha 通道、颜色通道、复合通道、专色通道、矢量通道。Alpha 通道是计算机图形学中的术语,指的是特别的通道。有时,它特指透明信息,但通常的意思是"非彩色"通道。

Alpha 通道是为保存选择区域而专门设计的通道,在生成一个图像文件时并不是必须产生 Alpha 通道。通常它是由人们在图像处理过程中人为生成的,并从中读取选择区域信息的。因此在输出制版时,Alpha 通道会因为与最终生成的图像无关而被删除。但也有时,比如在三维软件最终渲染输出的时候,会附带生成一张 Alpha 通道,用在平面处理软件中作后期合成。除了 Photoshop 的文件格式 PSD 外,GIF 与 TIFF 格式的文件都可以保存 Alpha 通道。而 GIF 文件还可以用 Alpha 通道作图像的背景去处理。因此我们可以利用 GIF 文件的这一特性制作任意形状的图形。

颜色通道是一个图片被建立或者打开以后是自动会创建颜色通道的。当你在 photoshop 中编辑图像时，实际上就是在编辑颜色通道。这些通道把图像分解成一个或多个色彩成分，图像的模式决定了颜色通道的数量，RGB 模式有 R、G、B 三个颜色通道，CMYK 图像有 C、M、Y、K 四个颜色通道，灰度图只有一个颜色通道，它们包含了所有将被打印或显示的颜色。当我们查看单个通道的图像时，图像窗口中显示的是没有颜色的灰度图像，通过编辑灰度级的图像，可以更好地掌握各个通道原色的亮度变化。复合通道是混合通道，是由蒙板概念衍生而来，用于控制两张图像叠盖关系的一种简化应用。

复合通道不包含任何信息，实际上它只是同时预览并编辑所有颜色通道的一个快捷方式。它通常被用来在单独编辑完一个或多个颜色通道后使通道面板返回到它的默认状态。对于不同模式的图像，其通道的数量是不一样的。在 Photoshop 中通道涉及三个模式：RGB、CMYK、Lab 模式。对于 RGB 图像含有 RGB、R、G、B 通道；对于 CMYK 图像含有 CMYK、C、M、Y、K 通道；对于 La 模式的图像则含有 Lab、L、a、b 通道。

专色通道是一种特殊的颜色通道，它可以使用除了青色、洋红（有人叫品红）、黄色、黑色以外的颜色来绘制图像。在印刷中为了让自己的印刷作品与众不同，往往要做一些特殊处理。如增加荧光油墨或夜光油墨，套版印制无色系（如烫金）等，这些特殊颜色的油墨（我们称其为"专色"）都无法用三原色油墨混合而成，这时就要用到专色通道与专色印刷了。在图像处理软件中，都存有完备的专色油墨列表。我们只须选择需要的专色油墨，就会生成与其相应的专色通道。但在处理时，专色通道与原色通道恰好相反，用黑色代表选取（即喷绘油墨），用白色代表不选取（不喷绘油墨）。由于大多数专色无法在显示器上呈现效果，所以其制作过程也带有相当大的经验成分。

矢量通道为了减小数据量，人们将逐点描绘的数字图像再一次解析，运用复杂的计算方法将其上的点、线、面与颜色信息转化为简捷的数学公式，这种公式化的图形被称为"矢量图形"，而公式化的通道，则被称为"矢量通道"。矢量图形虽然能够成百上千倍地压缩图像信息量，但其计算方法过于复杂，转化效果也往往不尽人意。因此他只有在表现轮廓简洁、色块鲜明的几何图形时才有用武之地；而在处理真实效果（如照片）时则很少用。Photoshop 中的"路径"、3D 中的几种预置贴图、Illustrator、Flash 等矢量绘图软件中的蒙板，都是属于这一类型的通道。

（2） 单纯的通道操作是不可能对图像本身产生任何效果的，必须同其他工具结合，如蒙板工具、选区工具和绘图工具等。

利用选区工具。Photoshop 中的选择工具包括遮罩工具、套索工具、魔术棒、字体遮罩以及由路径转换选区等，利用这些工具在通道中进行编辑等同于对一个图像的操作。

利用绘图工具。绘图工具包括喷枪、画笔、铅笔、图章、橡皮擦、渐变、油漆桶、模糊锐化和涂抹、加深减淡和海绵等工具。利用绘图工具编辑通道的一个优势在于你可以精确的控制笔触，从而可以得到更为柔和以及足够复杂的边缘。这里要提一下的是渐变工具。因为这个工具特别容易被人忽视，但相对于通道是特别的有用。它是我所知道的 Photoshop 中严格意义上的一次可以涂画多种颜色而且包含平滑过度的绘画工具，针对于通道而言，也就是带来了平滑细腻的渐变。

利用图像调整工具。调整工具包括色阶和曲线调整。当你选中希望调整的通道时，按住 Shift 键，再单击另一个通道，最后打开图像中的复合通道。这样你就可以强制这些工具同时作用于一个通道。对于编辑通道来说，这当然是有用的，但实际上并不常用的，因为可以建立调整图层而不必破坏最原始的信息。

利用滤镜特性。在通道中进行滤镜操作，通常是在有不同灰度的情况下，而运用滤镜的原因，通常是因为我们刻意追求一种出乎意料的效果或者只是为了控制边缘。原则上讲，你可以在通道中运用任何一个滤镜去试验，大部分人在运用滤镜操作通道时通常有着较为明确的愿望，比如锐化或者虚化边缘，从而建立更适合的选区。

## 四、任务实施

实训项目：综合应用选区制作方法合成如图 5-3-1 所示效果。

图 5-3-1　参考效果图

（1）在 Photoshop 中打开"模特.jpg"素材图（如图 5-3-2 所示）。分析素材图，模特长发飞扬，每一个头发丝处都是不容易与背景相分离的部分，最便捷的方法便是用快速选择工具选中人像主体，使用调整边缘处理细节。

（2）选择快速选择工具，当出现圆形笔触时，调整笔触大小，拖动把人像主体部分选中，如图 5-3-3 所示。

图 5-3-2　"模特.jpg"素材图

图 5-3-3　制作选区

(3) 在选择工具属性栏打开"调整边缘"对话框，勾选智能半径，如图5-3-4所示。

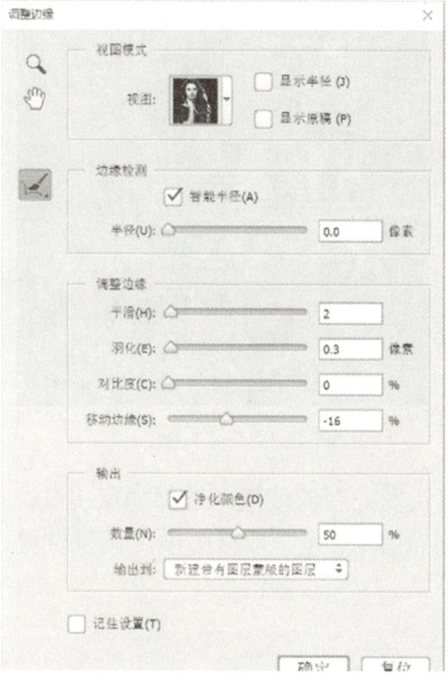

图 5-3-4　调整边缘

(4) 使用画笔工具把头发丝部分涂抹出来，如图5-3-5、5-3-6所示。

图 5-3-5　涂抹头发边缘

图 5-3-6　原图

(5) 单击"确定"按钮后，头发丝选区被选中，在图层面板底部单击"添加蒙版"工具，如图5-3-7所示。

图 5-3-7 拷贝新图层

（6）为了更好的观察头发处理的效果，选择加深工具，把头发丝逐渐加深，进行修正头发；把人像移动到"模特背景.jpg"素材图中，调整位置、大小和色调等，使合成效果自然舒适，得到最终效果。

## 五、思考与练习

1. 快速选择工具适用于抠取哪种类型的图像？
2. 什么是通道？通道的主要功能有哪些？
3. 通道的类型分为哪几种？
4. 请尝试一下利用本节所学内容对图 5-3-8、5-3-9 进行抠图。

图 5-3-8 复杂图像抠图练习（1）　　图 5-3-9 复杂图像抠图练习（2）

## 5.4 综合抠图实例

**教学目标**
1. 理解不同抠图方式选择的工具；
2. 能够根据电子商务网页图像的性质和特点综合多种工具抠图。

### 一、任务引入

电子商务网页图像中经常需要处理成符合商业宣传的图像，如电影海报、产品广告等，这就需要把不同元素的图像抠取出来，再把图像整合，达到宣传的目的。

### 二、任务分析

在网页上一张能突出主题的电影海报图片往往胜过千言万语，人们通过对海报的视觉冲击而引起对电影的兴趣，因此电子商务网页电影海报图像需要炫目更需要瞬间多人眼球。本节将讲述"制作电影海报图像"实例的制作过程，突出强调不同方法抠图的综合对比。

### 三、相关知识

海报中的视觉元素包括形象、色彩、构图和形式感，由于人们的年龄、性别、经历、修养、性格、情绪及民族传统、宗教信仰、地区风俗、环境的不同，人们对色彩心理反应也不尽相同，所以不能把色彩心理反应绝对化。

构图需要把握节奏与韵律，关注视觉重心，对比例有一定的要求，使画面更有均衡感。具体的说，节奏与韵律指以同一视觉要素连续重复时所产生的运动感。视觉重心指人的视线接触画面，视线常常迅速由左上角到左下角，再通过中心部分至右上角经右下角，然后回到以画面最吸引视线的中心视圈停留下来，这个中心点就是视觉的重心。

比例指黄金分割比 1：1.618 正是人眼的高宽视域之比，恰当的比例则有一种谐调的美感，成为形式美法则的重要内容。均衡平面构图上通常以视觉中心（视觉冲击最强的地方的中点）为支点，各构成要素以此支点保持视觉意义上的力度平衡。

强烈的视觉冲击使海报具有号召力、艺术感染力的本质，在新颖、单纯的同时具有独特的艺术风格和设计特点的电影海报是极具有感染力的，而必不可少的便是抠图。

### 四、任务实施

**实训项目：利用通道提取光效素材，如图 5-4-1 所示。**

在电子商务图像处理的时候，我们经常会用到一些光效、烟雾等素材，但是网络下载的素材大多带背景，用一般的抠图方法背景残留比较严重。此类素材也可以使用滤色等方法，但是滤色模式会造成画面变亮，色差等问题。解决方法就是重建颜色通道，来去掉里面黑色的部分。

（1）在 Photoshop 中打开"光效.jpg"素材图（如图 5-4-1 所示），打开通道面板，只显示"红"通道，按住"Ctrl"键的同时单击"红"通道缩略图，选择红色通道，如图 5-4-2 所示。

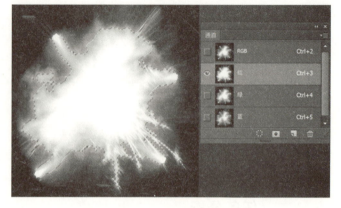

图 5-4-1 "光效.jpg"素材图　　　　　　　　图 5-4-2 选择红色通道

（2）回到图层选项卡，单击图层面板下方的"创建新的填充或调整图层"按钮，选择"纯色"选项，设置颜色为"#ff0000"，如图 5-4-3 所示。填充完毕后将新建的红色纯色图层隐藏，如图 5-4-4 所示。

图 5-4-3 制作"纯色"填充层　　　　　　　图 5-4-4 红色填充层效果

（3）将绿色和蓝色通道按照以上方法建立相应的纯色层，如图 5-4-5 所示。

第 5 章　图像处理技法——抠图

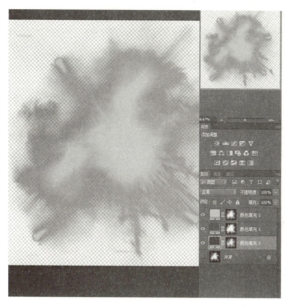

图 5-4-5　三色填充层效果

（4）将这 3 层的图层模式改为滤色并合并，光效便从黑色背景中分离出来了，如图 5-4-6、5-4-7 所示。

图 5-4-6　"滤色"模式

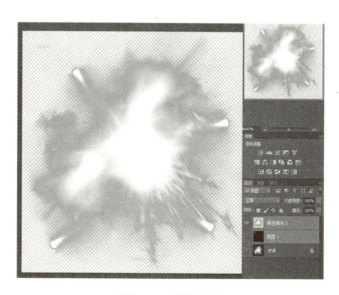

图 5-4-7　最终效果

## 五、思考与练习

1. 在电子商务网页图像中对于图像合成而言至关重要的是什么？
2. 总结抠图的方法一般有哪几种？

153

## 5.5 本章小结

本章学习了简单背景图像快速抠图、手工精细抠图、复杂图像抠图和抠图综合实例。

学习完本章之后，我们应该能够：（1） 使用魔法棒、套索工具等选区工具对简单背景图像快速抠图操作；（2） 使用钢笔工具、熟悉锚点曲线调整方法，通过路径的绘制与调整来进行抠图；（3） 运用抽出滤镜、通道等工具来进行复杂图像抠图；（4） 能够对不同抠图方法进行灵活运用、合理选择。

由于本章的学习是后续电商网页图像制作的抠图基础，在后面的学习中可以回到本章中反复阅读，你会有更多的收获。

# 第 6 章

# 图像处理技法——修图

电子商务中,往往卖家需要把他销售的产品通过图片展示出来,买家才可以通过除文字外更直观的图片感受到产品本身的信息,从而决定是否购买。卖家的商品展示、促销广告还是海报,除了给买家提供产品的基本信息外,还有一个非常重要的目的就是刺激购买动机,提高销售量。高质量的图像和适当的效果添加可以帮助销售量的提升。

电子商务中所使用的图像有时候需要由相机拍摄,但是直接拍摄完的图像可以直接使用吗?肯定是不可以的,受环境和其他因素的影响,拍摄处理的图像往往会有这样那样的问题,需要后期图像处理,才能达到满意的展示效果,让人赏心悦目!

Photoshop 具有强大的图像处理和修复的功能,其中包括修补画面残缺、去除图像污点、修改图像画面内容等。本章将对这些功能进行细致的讲解和操作,详细介绍每一个工具的作用和使用方法。

## 6.1 修补图像画面残缺

| 教学目标 | 1. 了解修补工具的作用；<br>2. 掌握修补工具的两种使用方法；<br>3. 会使用修补工具进行修图操作。 |
|---|---|

###  一、任务引入

相机拍摄出来的图像往往存在各种问题，有时我们需要将画面中的多余对象进行去除，将图像中的瑕疵进行修补，这就需要使用修补工具，完成对图像的调整，才可以更好地使用这些图像。如图 6-1-1 所示。

图 6-1-1　修图在广告中的应用

###  二、任务分析

修补工具的作用就是修复图像，简单来说可以使用图像的一部分区域修补另一个区域的图像。它的工作方法是通过选区，自由的选取需要修复的图像区域，进行拖动即可进行图像的修补替换，并对源图像区域与目标图像区域的颜色、纹理等进行匹配。

###  三、相关知识

1. 修补工具的工具属性：

（1）选中修复工具组中的修补工具，如图 6-1-2 所示，工具快捷键为：J。

（2）打开对应的修补工具属性栏，如图 6-1-3 所示，各属性的意义如下。

图 6-1-2　素材图片

图 6-1-3 素材图片

① 左侧四个按钮依次为新选区、添加到选区、从选区减去、与选区交叉。

② 修补工具有两种修补方式："源"和"目标"。选中"源"修补方式修补图像，可将源图像拖至目标图像上，且源图像被目标图像替代；选中"目标"修补方式修补图像，表示将此选区作为标准，去覆盖修补其他区域的图像。

③ 透明：勾选"透明"选项，再移动选区，选区中的图像会和下方图像产生透明叠加。

2. 修补工具的主要用途：修改图像中的明显残缺、裂痕和污点等，可以将图像中的多余部分进行清除，也可以对目标对象区域进行复制。

3. 修补工具的操作方法：单击修补工具，属性栏的选区状态为"新选区"，修改方式"源"的时候，选取需要修补图像区域到完好区域实现修补。修改状态为"目标"的时候，选取足够盖住被修补区域的选区拖动到被修补区域，盖住污点实现修补。

## 四、任务实施

**实训项目：使用修补工具清除画面瑕疵**，如图 6-1-5 所示。

（1）在 Photoshop 软件中打开"护肤.jpg"素材图（如图 6-1-4 所示）。此处想要去除人物脸颊上白色的护肤品，使画面恢复整洁。

图 6-1-4 "护肤.jpg"素材图

图 6-1-5 参考效果图

（2）选择工具箱中的污点修复画笔组，单击按住选择其中隐藏的修补工具，快捷键"J"。在修补工具属性栏中选择"新选区"，修补"源"选项，在需要修复的白色区域绘制一个如图 6-1-6 所示的选区。

（3）按住鼠标左键将绘制出的选区拖动至如图 6-1-7 所示区域（此区域并非随意选择，而是要选择与被修补区域明暗关系相似且纹理相似的区域），释放鼠标，得到替换效果，按 Ctrl+D 组合键取消当前选区。

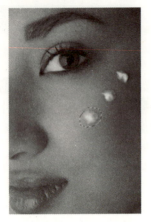
图 6-1-6 使用修补工具，制作源选取

图 6-1-7 移动选区进行修补

（4）按照以上的步骤操作，完成其他白色图画区域的修补。

## 五、思考与练习

1. 通过本节学习，你认为修补图像时选择的替换区域与被替换区域的关系是什么？为什么要这样选择？

2. 结合本节所讲解的内容，使用修补工具，将"草地.jpg"素材（如图 6-1-8 所示）中的字母去除，完成后的效果如图 6-1-9 所示。

图 6-1-8 "草地.jpg"素材图

图 6-1-9 参考效果图

## 6.2 去除图像上的污点

| 教学目标 | 1. 熟悉污点修复画笔工具的工具属性；<br>2. 掌握污点修复画笔的使用方法；<br>3. 会使用污点修复画笔处理图像。 |
| --- | --- |

## 一、任务引入

有时候我们从网络上下载的或相机拍摄出来的图像上会存在一些诸如日期等文字，或者拍摄出来的图像存在一些杂色等影响画面美观的元素时候，我们需要将它们进行清除，以保证图像的使用质量。

## 二、任务分析

污点修复画笔工具可以快速的去除较小区域的图像，例如人物面部的黑痣、痘印等，也可以对图像中的文字和日期信息，杂色和污斑等进行去除，使画面恢复完整整洁。

## 三、相关知识

污点修复画笔工具较适用于修复区域较小的图像，在修复图像的时候，不需要对修复点进行取样，直接单击被修复区域即可，它可以自动完成对被修复区域颜色、纹理、质地的分析，进行自动采用与修复。

污点修复画笔工具的工具属性：

（1）单击选中修复工具组中的污点修复画笔工具，如图 6-2-1 所示，工具快捷键为："J"。

（2）打开污点修复画笔工具的工具属性栏，如图 6-2-2 所示，各工具属性的含义如下：

图 6-2-1　污点修复画笔工具

图 6-2-2　污点修复画笔工具属性

① 画笔：可以根据修复图像区域的大小，选择画笔笔刷的直径大小和形状。注意：画笔笔刷的直径大小最好略大于要修复的图像区域，这样只需单击一次即可完成整个区域的覆盖修复。

② 类型："近似匹配"，选择该项表示将使用周围近似匹配的图像区域来修复原像区域；"创建纹理"，选择该项表示将使用选区中的所有像素创建一个用于修复该区域的纹理。

③ 对所有图层取样：对所有图层取样指的是你对某一图层操作的时候，其他图层也被一起操作了。

## 四、任务实施

**实训项目**：使用污点修复画笔工具去除人物脸上的痘痕。

（1）在 Photoshop 软件中打开"痘痕.jpg"素材图（如图 6-2-3 所示），此处想要去除图片上人物模特脸上的多处痘痕，使人物的面部恢复纯净，如图 6-2-4 所示。

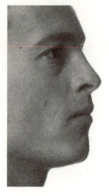
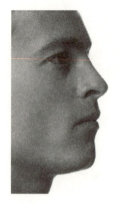

图 6-2-3　"痘痕.jpg"素材图　　　　　　　　图 6-2-4　参考效果图

（2）单击选择工具箱的污点修复画笔工具，快捷键"J"。在修补工具属性栏中，打开"画笔"预设面板设置画笔直径大小（根据需要修复的痘痕大小，切换不同的画笔直径，比被修复区域稍大些能够完全遮住即可），"模式"为正常，"类型"为近似匹配。

（3）设置好参数后，将光标移至人物脸上其中一痘痕处，使用缩放工具将局部放大（或者按住"Alt"键，向上滑动鼠标滚轮）。如图 6-2-5 所示，单击鼠标左键一次后释放鼠标，选中的痘痕即被清除，且被修复区域与周围区域完整融合，如图 6-2-6 所示。

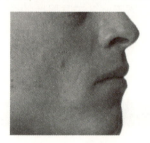
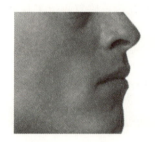

图 6-2-5　选中痘痕　　　　　　　　　　　图 6-2-6　单击清除痘痕

（4）按照同上操作，完成人物脸上其他区域痘痕的修补清除。

注：人物脸部除了明显的痘痕以外，还有一些明显的痣和皱纹，请你根据所学，尝试把模特的痘印进行合理的清除。

### 五、思考与练习

1. 污点修复画笔工具更适合用于修复哪些问题的图像？

2. 结合本节中讲解的污点修复画笔工具的功能，使用污点修复画笔工具，将图 6-2-7 所示人物图像脸上的文字和皱纹等进行修除，使画面整洁，修复后效果如图 6-2-8 所示。

> **提示：**
> 　　首先去除人物额头上的抬头纹。使用缩放工具，将人物的额头处进行放大。然后，选择污点修复画笔工具，在有皱纹处进行涂抹修复，皱纹即可消失。

图 6-2-7　素材图片　　　　　　　　　　　图 6-2-8　修复后效果

3. 打开如图 6-2-9 所示的素材图像，对图像进行修复调整，使画面整洁，修复后效果如图 6-2-10 所示。

图 6-2-9　素材图片　　　　　　　　　　　图 6-2-10　修复后效果

## 6.3　修调图像画面内容

| 教学目标 | 1. 了解仿制图章工具与修复画笔工具的关系；<br>2. 掌握仿制图章工具的使用方法；掌握修复画笔工具的使用方法；<br>3. 会使用仿制图章工具和修复画笔工具对图像画面内容进行修复。 |
| --- | --- |

### 一、任务引入

一幅好的图像除了画面品质要求较高以外，对画面的内容要求也是十分严苛的。有时候我们在拍摄图像或者需要使用一幅图像的时候，往往会因为一些主客观的因素使得画面上的一些内容不符合我们的使用需求，比如：不需要的人物局部或是其他一些多余像素以及需要修复的部分。这时候，就需要我们把不需要的部分去除，需要的图像进行修复和美化。

## 二、任务分析

仿制图章工具与修复画笔工具通过对取样点图像复制到目标图像位置的方式，对图像进行修复和美化。

## 三、相关知识

### 1. 仿制图章工具

图章工具组包括"仿制图章工具"和"图案图章工具"。其中的仿制图章工具是一个很好用的工具，也是一个很神奇的工具，它像是一个复印机，可以把一个区域上的图像按原样复制到另外一个图像区域上。通常用来将图像上的污点杂点等进行去除，也可以完成图像的合成。

仿制图章工具的工具属性：

（1）单击选中图章工具组中的仿制图章工具，如图 6-3-1 所示，工具快捷键为：S。

图 6-3-1 仿制图章工具

（2）打开仿制图章工具的工具属性栏，如图 6-3-2 所示，各工具属性的含义如下：

图 6-3-2 仿制图章工具属性栏

① 画笔：可以根据修复图像区域的大小，选择画笔笔刷的直径大小。
② 模式为正常，不透明度为图像的虚实显示的程度。
③ 勾选对齐复选框时，无论进行多少次的操作，都会以最后一次复制移动的位置为起点开始复制，保持了画面的连续性。

### 2. 修复画笔工具

修复画笔工具可以有效的去除诸如人物面部的皱纹和雀斑等缺陷，也可以帮助去除污点和划痕等瑕疵。

修复画笔工具与仿制图章工具几乎是完全一样的，都可以完成从一个区域图像到另一个图像区域的复制。只是在处理上略有不同，仿制图章工具只是完成图像区域的复制，而修复画笔工具在图像复制的过程中还可以将取样像素的纹理、明暗、阴影、光照等与源像素进行匹配，从而将修复后的像素更好地与图像其余部分进行融合，画面自然。

修复画笔工具的工具属性：

（1）单击选中污点修复画笔组中的修复画笔工具，如图 6-3-3 所示，工具快捷键为：J。

第 6 章　图像处理技法——修图

图 6-3-3　修复画笔工具

（2）打开修复画笔工具的工具属性栏，如图 6-3-4 所示，各工具属性的含义如下：

图 6-3-4　修复画笔工具

① 画笔：可以根据修复图像区域的大小，选择画笔笔刷的直径大小。
② 模式为正常。
③ 源：选择取样点，按住 Alt 键单击取样，则将取样点图像区域覆盖要修改的图像区域。在这个选项下，修复画笔工具与仿制图章工具的使用方法相同，不同之处则是，修复画笔工具修复的图像可以更好的自然融合；选择图案选项，则在后面的下拉列表框中选择一个图案进行对需要修复区域的替换。

## 四、任务实施

实训项目：使用仿制图章工具去除图像中的多余部分，如图 6-3-6 所示。

图 6-3-5　"海滩.jpg"素材图　　　　　　图 6-3-6　参考效果图

（1）在 Photoshop 软件中打开"海滩.jpg"素材图，如图 6-3-5 所示。此处要去除海滩上的一个人物，由于该人物处于沙滩排球网前，为避免影响其他区域，可将需要处理的区域创建成选区，如图 6-3-7 所示。

（2）选择工具箱中的仿制图章工具，快捷键 S。在仿制图章工具属性栏中，打开"画笔"预设面板设置适当的画笔直径大小（画笔直径要根据情况随时调整使用），"模式"为正常，如图 6-3-8 所示。

网页设计与制作——电子商务

图 6-3-7 创建选区

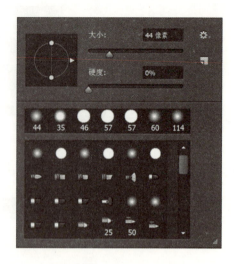

图 6-3-8 修复画笔工具

（3）设置好参数后，将光标移至样本区域（用于替换多余像素的区域），按住 Alt 键在样本区域处单击鼠标左键取样；将鼠标移向将要替换的人像像素区域上，单击鼠标左键进行替换，多次操作直至达到理想效果，如图 6-3-9 所示。

> 提示：
> 
> 排球网有透视，替换时要对此取样相近的像素，注意网格的大小变化。

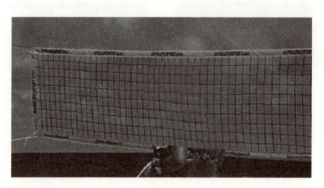

图 6-3-9 修复画笔工具

（4）同样的方法创建选区，使用仿制图章工具完成图像上整个多余对象的清除。

### 五、思考与练习

1. 仿制图章工具与修复画笔工具有什么关系？
2. 根据本节所学内容，使用仿制图章工具和修复画笔工具完成对"漂流瓶.jpg"素材

164

（如图 6-3-10 所示）的修复操作，效果如图 6-3-11 所示，并说出你的操作过程。

> **提示：**
> 画笔太软、透明度太低都会使图像模糊，沙子失去颗粒感。

图 6-3-10　"漂流瓶.jpg"素材图

图 6-3-11　参考效果图

## 6.4　修图综合实训

| 教学目标 | 1. 了解不同修图工具的效果；<br>2. 熟练掌握修复画笔工具组及仿制图章工具的使用方法。 |
| --- | --- |

### 一、任务引入

通过前三节的学习，大家对修图工具有了一定的了解。当我们面对可能不只有一种问题或瑕疵的图像时，采用哪个或哪几个工具能够更好的达到修图的目的，是我们需要熟练和加强才能做到的。下面，我们就通过一个非常实际现实的图像修图案例，来分析我们在实际工作中如何灵活运用这些修图工具。

### 二、任务分析

图像瑕疵有很多种，我们拍摄出来的图像存在的问题也往往不只存在一种，受主客观条件的制约和对图像表现内容的更高要求，修图势在必行。根据不同目的，工具的不同属性来帮助我们达到这一目的。下面，我们就将重点使用修复画笔工具组以及仿制图章工具来进行一个修图案例分析，深入理解每一个工具的作用。

165

## 三、任务实施

**实训项目**：人物面部雀斑处理，效果如图 6-4-2 所示。

在修图操作时，注意针对不同修图问题在每个工具之间的切换。

（1）在 Photoshop 软件中打开"雀斑.jpg"素材图，如图 6-4-1 所示。此处要去除人物脸颊、鼻翼及眼部周围的雀斑，使人物面部恢复清爽干净。

图 6-4-1　"雀斑.jpg"素材图　　　　　　图 6-4-2　参考效果图

（2）选择工具箱中的修复画笔工具，快捷键 J。在修复画笔工具属性栏中，打开"画笔"选择器设置适当的画笔直径大小，"模式"为正常，源为"取样"，如图 6-4-3 所示。

图 6-4-3　画笔设置

（3）设置好参数后，使用缩放工具先将雀斑区域进行放大（或按住 Alt 键，向上滑动鼠标滚轮），将光标移至人物面部中较好的一块皮肤区域作为样本区域（用于替换雀斑的区域），按住 Alt 键在样本区域处单击鼠标左键进行取样，此时的鼠标形状为带圆圈的十字形；松开 Alt 键，将鼠标移向将要修复的图像区域上，单击鼠标左键，多次操作直至达到理想效果。

（4）通过前面的学习，清除黑痣这样的小污点，我们可以选择使用修补工具，也可以选择修复画笔工具以及污点修复画笔工具。那么，我们就要选择一个即合适又更加方便的工具来使用。由于前两个工具都需要先取样再修复,而污点修复画笔工具只需在污点处单击即可,因此,此处我们选用污点修复画笔工具更加合适。

(5) 综合这两种工具的使用,将额头处皱纹进行清除。

(6) 人物鼻翼两侧及眼角处的鱼尾纹在处理的时候要更加小心细致些,所以,我们需要使用仿制图章工具来进行操作。

(7) 综合处理人物面部的各种皱纹瑕疵,调整整体画面,最终修复效果,如图6-4-4所示。

图6-4-4 修复效果

## 四、思考与练习

1. 使用仿制图章工具和修复画笔工具,取样时按住_____键,可以完成取样。
2. 除了缩放工具以外,还可以使用_____方法对物体进行放大。
3. 使用修补工具修复图像时,需要创建_____,然后可以完成修复操作。
4. 修复画笔工具与仿制图章工具有什么区别?
5. 请对污点修复画笔工具、修复画笔工具、修补工具做出简单的比较。
6. 综合运用所学,将图6-4-5所示"头像.jpg"素材图人物面部进行修复,得到6-4-6所示的最终效果图。

图6-4-5 "头像.jpg"素材图　　　　　图6-4-6 参考效果图

## 6.5　本章小结

　　本章学习了如何使用修补工具修补画面残缺、使用污点修复画笔工具去除图像上的污点、使用修复画笔工具、仿制图章工具修调图像画面内容，以及对这几种修图工具的综合使用。

　　学习完本章之后，我们应该能够：（1）　了解不同修图工具的作用及特点；（2）　针对图像画面的不同问题选择合适的修图工具；（3）　熟练使用各种修图工具，良好的操作水准；（4）　具有一定的审美欣赏水平，修调出适合大众审美，提高图像画面品质的图像。

　　本章的学习是图像处理制作操作的基础和必须掌握的基本技能，在学习之后一定要勤加练习才能达到运用自如的目的，在后面的学习中也要综合考虑这些基本技能，为学习更加深入的操作技能打好坚实基础。

# 第 7 章

# 图像处理技法——调色

在电子商务网店里，为了给买家最佳的直观美感，商品图像要做到色调真实、商品要与环境协调、商品较背景要清晰突出。但由于天气原因或者对拍摄器材使用不当，经常会出现偏色、色调与所处环境不协调、亮度及饱和度不佳、模糊等问题。现在，就让我们运用 Photoshop 软件对图像进行调整，设计制作出精彩的作品，使商品更能表现出买家所需要看到的图像。

## 7.1 调整图像亮度

**教学目标**
1. 了解色彩的基础知识；
2. 理解图像亮度调整的作用；
3. 理解亮度、色阶、曲线调整亮度的原理；
4. 熟练掌握调整图像亮度的方法。

### 一、任务引入

由于拍摄技术水平和外界条件的限制，会出现拍摄的照片曝光不足而显得暗淡，使人无法辨识想表达的细节；另一方面，当光线较强或正对光源拍摄时，由于曝光过度，同样降低了照片的质量，如何调整照片，使其亮度分布均匀、自然、细节得以保留。

### 二、任务分析

在 Photoshop 软件中，调整图像亮度的方法有亮度/对比度命令、色阶命令、曲线命令，亮度/对比度命令针对图像曝光不足，图像整体亮度不够时使用；色阶命令针对于原图像中某亮度区域需要重新调整，调整图像的阴影、中间调和高光的强度级别，从而校正图像的色调范围和颜色平衡，亮度在不同区域发生变化使用；曲线可让您在图像的色调范围（从阴影到高光）内最多调整 14 个不同的点。而"色阶"对话框仅包含三种调整（白场、黑场和灰度系数）。可以使用"曲线"对话框对图像中的个别颜色通道进行精确调整。

### 三、相关知识

1. Photoshop 的图像调整菜单

Photoshop 的图像调整菜单下共有 22 个子命令，如图 7-1-1 所示，主要用于对图像进行颜色校正和调整，颜色校正和调整包括改变图像的色泽、饱和度、中间调和高光，最终输出具有艺术美感的作品。

（1）色阶

"色阶"表现了一副图的明暗关系，可以调整图像的暗调、中间调和高光。用图 7-1-2 显示了图像中每个亮度值（0～255）处的像素点的多少。

"输入色阶"可以增加图像的对比度：白色滑钮向左用来增加图像中亮部的对比度（2～255）；灰色滑钮则用于控制图像中间色调的对比度（0.10～9.99）；黑色滑钮向右用来增加图像中暗部的对比度（0～253）。

第 7 章 图像处理技法——调色

图 7-1-1　图像调整菜单

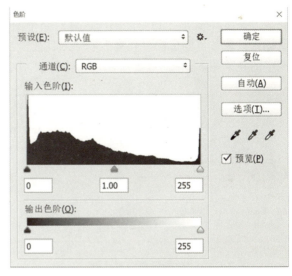

图 7-1-2　"色阶"对话框

"输出色阶"就是控制图像中最暗和最亮数值：白色箭头向左图像变暗，其数值代表图像中最亮的像素的亮度；黑色的箭头向右图像变亮，其数值代表图像中最暗的像素的亮度。

（2）曲线

"曲线"是反映图像的亮度值的。像素有着确定的亮度值，你可以改变它使图像变亮或变暗。点击确立一个调节点，这个点可被拖移到网格内的任意范围，如图 7-1-3 所示。

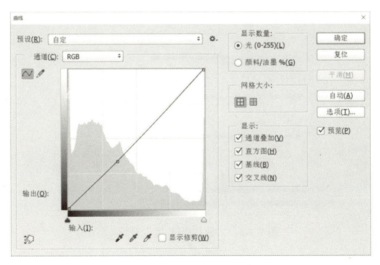

图 7-1-3　"曲线"对话框

（3）色彩平衡

"色彩平衡"命令可以改变图像中颜色的组成，并混合色彩达到平衡。该命令只能对图像进行粗略地调整，一般作用于复合颜色通道。它常常用作调整图层，如图 7-1-4 所示。

171

（4）亮度/对比度

"亮度/对比度"命令能够一次性对整个图像做亮度和对比度的调整。可通过移动滑标或输入具体数值图像的"亮度"和"对比度"进行调整。可以很方便地将光线不足的图像调整的亮一些，如图 7-1-5 所示。

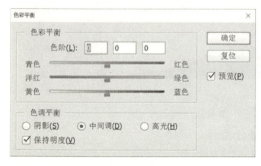

图 7-1-4 "色彩平衡"对话框

图 7-1-5 "亮度/对比度"对话框

（5）色相/饱和度

"色相/饱和度"命令能够根据色相、饱和度和亮度来调整图像的色彩，可以选择红色、黄色、绿色、青色、蓝色以及洋红共六种颜色中的任何一种单独进行编辑或选择"全图"来调整所有颜色，如图 7-1-6 所示。

图 7-1-6 "色相/饱和度"对话框

2. 常用亮度调整命令比较

（1）亮度/对比度

优点：界面直观、操作简便

缺点：在调整时亮部和暗部都是按等比调整的，比如提高暗部亮度亮部也跟着增加，高光细节就丢失了。如果调整局部亮度，这种方法不太适用。

（2）色阶

优点：灵活将图像分为高光、中灰、低光等区域，可独立调节。与亮度和对比度工具相比可以通过单独调整各通道的亮度来改变颜色。

缺点：同曲线相比，具有区域式的调整的优势，但灵活性还是有一定限制。

（3）曲线

优点：点对点的调整让使用者可以任意改变每个像素的亮度值，比较灵活。

## 四、任务实施

1. 将"咖啡豆.jpg"素材图像（图7-1-7）进行亮度调整，效果如图7-1-8所示。

图7-1-7 "咖啡豆.jpg"素材图

图7-1-8 参考效果图

图像拍摄角度、背景与前景处理、投影、商品细节表现比较到位，只是图像的整体亮度不够，所以适合采用"亮度/对比度"的方法。具体步骤如下：

（1）在Photoshop软件打开"咖啡豆.jpg"素材图（如图7-1-7所示），在图层面板选定背景图层，拖动至新建图层按钮，即产生"背景 拷贝"图层，以下对图像的操作调整均是在此层进行，避免影响到原图像。如图7-1-9、7-1-10所示。

图7-1-9 图像拖至新建图层按钮

图7-1-10 "背景 拷贝"图层

（2） 选取"图像"→"调整"→"亮度/对比度"命令，并勾选预览选项，以便随时观察数值调后的效果。

（3） 拖移滑块调整亮度，并观察效果，达到预期效果后，进行保存。

向左拖移降低亮度和对比度，向右拖移增加亮度和对比度。每个滑块值右边的数值反映亮度或对比度值。值的"亮度"范围可以是-150～+150，如图7-1-11所示。

图 7-1-11　"亮度/对比度"对话框

2. 将"乡间.jpg"素材图像（图7-1-12）进行色阶的调整，效果如图7-1-13所示。

图 7-1-12　"乡间.jpg"素材图　　　　　　图 7-1-13　参考效果图

图片的拍摄处于强日光下，有点曝光过度，画面的暗部和亮部区分度不大，所以适合用"色阶"保持画面的亮度，将中间调及阴影区处理出层次感。具体步骤如下：

（1） 在Photoshop软件打开"乡间.jpg"素材图（如图7-1-12所示），将背景层进行复制。

（2） 选取"图像"→"调整"→"色阶"，调出"色阶"对话框，如图7-1-14所示。

（3） 在输入色阶中向左移动中间调及亮光滑块来设定参数，在输出色阶中向右移动黑色滑块调整最低亮度来设定参数，观察调整效果，达到预期效果后，进行保存。参考设置如图7-1-15所示。

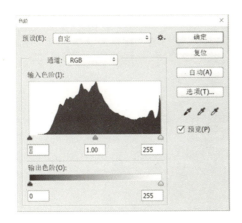
图 7-1-14　素材原参数

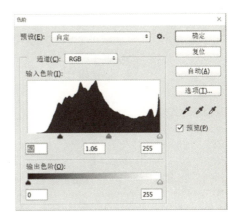
图 7-1-15　参考设置

3. 将"男模.jpg"素材图像（图 7-1-16）进行调整，效果如图 7-1-17 所示。

图 7-1-16　"男模.jpg"素材图

图 7-1-17　参考效果图

图片的拍摄角度取景到位，但曝光不足，画面偏暗，所以适合采用"曲线"提高整个图像的亮度，并增强对比度。具体步骤如下：

（1）在 Photoshop 软件打开"男模.jpg"素材图（如图 7-1-16 所示），将背景层进行复制。

（2）选取"图像"→"调整"→"曲线"，调出"曲线"对话框，通道为 RGB 通道，在亮部和暗部区域增加节点，将其向上适当调整，使图片的整体亮度提高（可根据个人理解灵活调整），如图 7-1-18 所示。

175

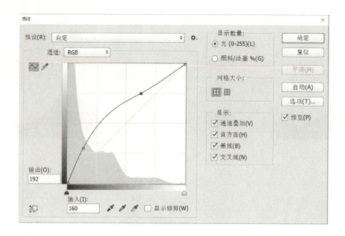

图 7-1-18　调整曲线

### 五、思考与练习

1. 你认为提高亮度过度，会对图像产生什么影响？
2. 如何将图像中的局部调整亮度？如图 7-1-19、7-1-20 所示。

图 7-1-19　素材图

图 7-1-20　参考效果图

## 7.2　处理图像偏色

| 教学目标 | 1. 了解颜色的基础知识；<br>2. 理解 RGB CMYK 色的混合关系及补色关系；<br>3. 理解变化、色彩平衡、可选颜色校正颜色的原理；<br>4. 熟练掌握校正颜色的方法。 |
| --- | --- |

# 第 7 章 图像处理技法——调色

## 一、任务引入

人的视觉系统具有颜色恒常性，他能够在一定程度上消除光照条件对颜色的影响因素，正确地感知物体的颜色。但成像设备不具有这种"调节"功能，因此成像设备采集的图像的颜色与物体表面的真实颜色之间存在一定程度的误差，即偏色。对电子商务网站的图像能正确反映商品物体的真实颜色是至关重要的。

## 二、任务分析

在 Photoshop 软件中，处理图像偏色的方法"变化"命令、"色彩平衡"命令、"可选颜色"命令，"变化"命令是通过显示替代物的缩览图，使你很直观的看到色彩变化后的几种效果，通过鼠标单击加深某种颜色，此命令对于不需要精确颜色调整的平均色调图像最为有用；"色彩平衡"命令针对于普通的色彩校正，通过调整"阴影"、"中间调"或"高光"，以便选择要着重更改的色调范围，将滑块拖向要在图像中增加的颜色，或将滑块拖向要在图像中减少的颜色，更改图像的总体颜色混合；"可选颜色"命令用于在图像中的每个主要原色成分中更改偏色的情况。你可以有选择地修改任何主要颜色中的数量，而不会影响其他主要颜色。

## 三、相关知识

### 1. 颜色的基础概念

在颜色系统中如图 7-2-1 所示，色光的三原色红（R）、绿（G）和蓝（B）色按照颜色的亮度值从 0（黑）到 255（白）的值进行混合，能够产生自然界中的约 1670 万种颜色。红色和绿色混合得到其中间色黄色、红色和蓝色混合得到其中间色品红，绿色和蓝色混合得到其中间色青色。色料的三原色青（C）、品红（M）、黄（Y）以及黑（K）按照油墨不同浓度的百分比进行混合，从而形成打印或印刷颜色。青色加品红混合得到其中间色蓝色，青色加黄色得到其中间色绿色，品红加黄色得到其中间色红色。

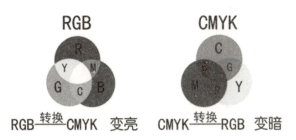

图 7-2-1　颜色系统

RGB 颜色模式的数据信息为（0－255）；CMYK 颜色模式的数据信息为（0% - 100%），如图 7-2-2 所示。

|  | 红色(R) | 绿色(G) | 蓝色(B) | 白色 | 青色(C) | 洋红(M) | 黄色(Y) | 黑色(K) |
|---|---|---|---|---|---|---|---|---|
| R（红色） | 255 | 0 | 0 | 255 | 0 | 255 | 255 | 0 |
| G（绿色） | 0 | 255 | 0 | 255 | 255 | 0 | 255 | 0 |
| B（蓝色） | 0 | 0 | 255 | 255 | 255 | 255 | 0 | 0 |
| C（青色） | 0 | 100 | 100 | 0 | 100 | 0 | 0 | 0 |
| M（洋红） | 100 | 0 | 100 | 0 | 0 | 100 | 0 | 0 |
| Y（黄色） | 100 | 100 | 0 | 0 | 0 | 0 | 100 | 0 |
| K（黑色） | 0 | 0 | 0 | 0 | 0 | 0 | 0 | 100 |

图 7-2-2　颜色关系

以上红（R）、绿（G）、蓝（B）、青（C）、品红（M）和黄（Y）六种颜色反映在一个色轮上，它们之间的关系是：

（1）色轮上对角线方向的颜色互为补色，如蓝色的补色为黄色。

（2）色轮上相隔的两种颜色混合得到的是这两种颜色的中间色，如红色加绿色得到的是黄色。

（3）在 R、G、B 中，其中某两种颜色混合得到的是另外一种颜色的补色，如红色加绿色得到的是蓝色的补色即是黄色。

（4）在 C、M、Y 中，其中某两种颜色混合得到的是另外一种颜色的补色，如青色加品红色得到的是黄色的补色即是蓝色。

对于 RGB 颜色模式的图像而言，图像上某点的颜色信息很多时，此图像就偏向此种颜色。但颜色信息很少或者为 0 时，此图像就偏向此种颜色的补色。同样对于 CMYK 颜色模式的图像而言，图像上某点的颜色信息很多时，此图像就偏重于此种颜色。但颜色信息很少或者为 0 时，此图像就偏重于此种颜色的补色。

## 四、任务实施

1. 处理"茶具.jpg"素材图像（图 7-2-3）的偏色，效果如图 7-2-4 所示。

图 7-2-3　"茶具"素材图

图 7-2-4　参考效果图

图像中的商品及背景与校正后的颜色相比整个图像红色基调偏重，造成了茶具紫砂质感的失真，此图适合用"色彩平衡"命令进行色彩校正。具体步骤如下：

（1）在 Photoshop 软件打开"茶具.jpg"素材图（如图 7-2-3 所示），将背景层进行复制。

（2）选取"图像"→"调整"→"色彩平衡"，调出"色彩平衡"命令对话框，如图 7-2-5 所示。

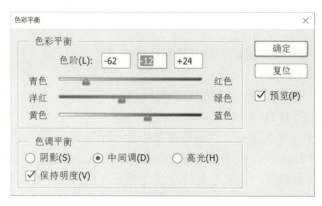

图 7-2-5 "色彩平衡"命令对话框

- 选择"阴影"、"中间调"或"高光"，以便选择要着重更改的色调范围。
- 选择"保持明度"以防止图像的亮度值随颜色的更改而改变。该选项可以保持图像的色调平衡。
- 将滑块拖向要在图像中增加的颜色；或将滑块拖离要在图像中减少的颜色。颜色条上方的值显示红色、绿色和蓝色通道的颜色变化。值的范围可以是-100～+100。

（3）选取中间调，拖移滑块增加红色、洋红和黄色的比重，通过勾选预览，实时观察效果，达到预期效果后确定，进行保存。

2. 将家居网站"沙发.jpg"素材图（图 7-2-6）暖色调调整为相对冷色调，效果如图 7-2-7 所示。

图 7-2-6 "沙发.jpg"素材图

图 7-2-7 参考效果图

图像中的沙发展示图主要基调是橙色为主的暖色调，欲将基调调整为绿色为主的冷色调，适合采用"可选彩色"命令。具体步骤如下：

（1）在 Photoshop 软件打开"沙发.jpg"素材图（如图 7-2-6 所示），将背景层进行复制。

179

（2）选取"图像"→"调整"→"可选颜色"，调出"可选颜色"命令对话框，如图 7-2-8 所示。

对话框顶部的"颜色"菜单中选取要调整的颜色。这组颜色由加色原色和减色原色与白色、中性色和黑色组成。对于"方法"，选择一个选项：

**相对**：按照总量的百分比更改现有的青色、洋红、黄色或黑色的量。例如，如果您从 50%洋红的像素开始添加 10%，则 5%将添加到洋红。结果为 55%的洋红（50% × 10% = 5%）。（该选项不能调整纯反白光，因为它不包含颜色成分。）

图 7-2-8　"可选颜色"对话框

**绝对**：采用绝对值调整颜色。例如，如果从 50%的洋红的像素开始，然后 10%，洋红油墨会设置为总共 60%。调整是基于一种颜色与"颜色"菜单中的一个选项是如何接近的。例如，50%的洋红介于白色和纯洋红之间，并将得到为这两种颜色定义的校正的按比例混合值。

（3）选取颜色为红色，采用绝对的方法，增强青色，减少洋红和黄色，使用一次可选颜色后仍不能达到预期效果，可确定后，再次实施"可选颜色"命令，通过勾选预览，实时观察效果，达到预期效果确定后，进行保存。

## 五、思考与练习

1. 你认为校正颜色的标准是什么？
2. 将素材图 7-2-9 进行色彩校正，效果如图 7-2-10 所示。

图 7-2-9　素材图

图 7-2-10　参考效果图

## 7.3　让图像更鲜艳

| 教学目标 | 1. 熟悉"色相/饱和度"命令；<br>2. 理解彩色图与灰度图的转换；<br>3. 熟练掌握图像去色、上色的方法。 |
| --- | --- |

## 一、任务引入

图像越鲜艳，表示图像的色彩纯度越高，即饱和度高，纯度越高，表现越鲜明，纯度较低，表现则较黯淡。当饱和度为 0 时，图像去色成为灰度图即称之为黑白照。使图像变得更鲜艳，或者由黑白照调色为彩色照，是电子商务网站的商品图像调整的重要技能。

## 二、任务分析

在 Photoshop 软件中，使图像更鲜艳的方法主要是调整"色相/饱和度"。"色相/饱和度"既可针对全图，也可能针对某个基调进行调整。配合选区实现为黑白照片上色。

## 三、相关知识

### 1. 颜色三要素

色相（H）：反射自物体或投射自物体的颜色。在 0°到 360°的标准色轮上，按位置度量色相。在通常的使用中，色相由颜色名称标识，如红色、橙色或绿色。

饱和度（S）：颜色的强度或纯度（有时称为色度）。饱和度表示色相中灰色分量所占的比例，它使用从 0%（灰色）至 100%（完全饱和）的百分比来度量。在标准色轮上，饱和度从中心到边缘递增。

亮度（B）：亮度是颜色的相对明暗程度，通常使用从 0%（黑色）至 100%（白色）的百分比来度量，如图 7-3-1 所示。

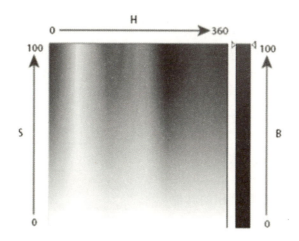

图 7-3-1　HSB 颜色模型（H.色相　S.饱和度　B.亮度）

### 2. 让图像更鲜艳的一般方法

由于相机的品牌或者性能不同，拍摄者水平区别，拍摄出来的照片对色彩的还原效果也不尽相同，有的照片颜色鲜艳、层次丰富，有的照片在色彩上有些欠缺，颜色惨淡。在 Photoshop 中，一般通过调整图像的"色相/饱和度"就可以把不够显眼的照片调整得鲜亮夺目。

## 四、任务实施

1. 调整"模特.jpg"素材图（图 7-3-2）的饱和度，效果如图 7-3-3 所示。

图 7-3-2　"模特.jpg"素材图

图 7-3-3　参考效果图

"模特.jpg"素材（如图 7-3-2 所示），色调本身处理得很有质感，但是现在要将肤色和发色稍微回复活力，可以采用"色相/饱和度"命令直观的进行色彩调整。具体步骤如下：

（1）在 Photoshop 软件打开"模特.jpg"素材图，将背景层进行复制。

（2）选取"图像"→"调整"→"色相/饱和度"，调出"可选颜色"命令对话框，饱和度调整为"+45"，如图 7-3-4 所示。

对话框中显示有两个颜色条，它们以各自的顺序表示色轮中的颜色。上面的颜色条显示调整前的颜色，下面的颜色条显示调整如何以全饱和状态影响所有色相。

① 编辑
- 选取"全图"可以一次调整所有颜色。
- 为要调整的颜色选取列出的其他一个预设颜色范围。

图 7-3-4　色相饱和度参数

② 对于"色相"，输入一个值或拖移滑块，直至对颜色满意为止。文本框中显示的值，反映像素原来的颜色在色轮中旋转的度数。正值指明顺时针旋转，负值指明逆时针旋转。值的范围可以是-180～+180。

③ 对于"饱和度"，输入一个值，或将滑块向右拖移增加饱和度，向左拖移减少饱和度。颜色将变得远离或靠近色轮的中心。值的范围可以是-100（饱和度减少的百分比，使颜色变暗）到 +100（饱和度增加的百分比）。

④ 对于"明度"，输入一个值，或者向右拖动滑块以增加亮度（向颜色中增加白色）

或向左拖动以降低亮度（向颜色中增加黑色）。值的范围可以是-100（黑色的百分比）到+100（白色的百分比）。

（3）在编辑中选取全图，意在调整全图，在饱合度增强，是校正颜色的关键，调整数值，勾选或去除"预览"选项，对比调整前后的效果，仔细观察当前挑选的效果，选择适合的亮度，并观察效果，达到预期效果后确定，进行保存。

2. 将图7-3-5所示模特身上的白色连衣裙上色为蓝色，效果如图7-3-6所示。

图7-3-5 "服装模特.jpg"素材图　　　　　图7-3-6 参考效果图

通过多样的选区工具将不同的颜色区域精细的选取出来，再通过"色相/饱和度"命令为其添加颜色，具体做法如下：

（1）将背景层进行复制；灵活运用选择工具创建选区，细节处可以通过添加快速蒙板，及选区的"添加/减小"，获得最精细的选区，如图7-3-7所示。

（2）选取"图像"→"调整"→"色相/饱和度"。勾选"着色"，参数设置如图7-3-8所示，通过勾选预览，实时观察效果，达到预期效果后确定。

图7-3-7 创建选区　　　　　图7-3-8 为选区上色

（3）选取"选择"→"存储选区"，将精选的裙子选区保存，以备后期再次修改时，快速提取选区。

（4）根据以前所学内容，在颜色上可细微的调整颜色。

> **提示：**
>
> 如果是为皮肤上色，记住皮肤着色的色相饱和度及明度的参数，再去选定其他皮肤位置时依旧应用此参数，可保证肤色一致性。

### 五、思考与练习

1. 将彩色照片处理为灰度图的方法有什么？
2. 综合运用前 2 节所学内容，将图 7-3-9 所示夏季景色调整为图 7-3-10 所示晚秋的景色。

> **提示：**
>
> 色彩调整不要影响到长颈鹿的颜色。

图 7-3-9　"长颈鹿.jpg"素材图　　　　　图 7-3-10　效果参考图

## 7.4　使图像更清晰

| 教学目标 | 1. 理解锐化命令各参数的作用；<br>2. 熟悉掌握使图像清晰的方法。 |
| --- | --- |

### 一、任务引入

在对商品进行拍摄时，出现模糊的情况主要有两种，其一，图像会产生线性或径向的模糊。其原因是当拍摄对象处于运动状态下，快门速度选择不准确，当然还有可能就是手抖了。其二，图像模糊效果是整个画面都呈微微的放大模糊状，原因就是对焦不准，如图

7-4-1所示。

一台相对高档的相机可以通过机内自己进行调节,但若低端的相机成像出现模糊,而拍摄姿态、颜色光感都很到位,不愿意删除,我们可以采用软件的方式进行调整。

## 二、任务分析

图像模糊在位图中表现为原本的硬边缘和图像的细节,被柔化为相近的颜色,颜色的对比度降低。在 Photoshop 软件中,通过"锐化"滤镜增加相邻像素的对比度来聚焦模糊的图像。并在边缘的每侧生成一条亮线和一条暗线。此过程将使边缘突出,再通过增加图层,增强边缘的"亮度/对比度",调整图层叠加模式,使图像看起来清晰了。

## 三、相关知识

### 1. 锐化

应用"锐化"工具可以快速聚焦模糊边缘,提高图像中某一部位的清晰度或者焦距程度,使图像特定区域的色彩更加鲜明。

(1) USM 锐化滤镜

USM 锐化是一个常用的技术,简称 USM,是用来锐化图像中的边缘的。可以快速调整图像边缘细节的对比度,并在边缘的两侧生成一条亮线一条暗线,使画面整体更加清晰。对于高分辨率的输出,通常锐化效果在屏幕上显示比印刷出来的更明显。

其作用为改善图像边缘的清晰度,其调节参数包括:

数量:控制锐化效果的强度。

半径:指定锐化的半径。该设置决定了边缘像素周围影响锐化的像素数。图像的分辨率越高,半径设置应越大。

阈值:指相邻像素之间的比较值。该设置决定了像素的色调必须与周边区域的像素相差多少才被视为边缘像素,进而使用 USM 滤镜对其进行锐化。默认值为 0,这将锐化图像中所有的像素。

(2) 锐化滤镜

锐化滤镜可以通过增加相邻像素点之间的对比,使图像清晰化,提高对比度,使画面更加鲜明。此滤镜锐化程度较为轻微。

其作用为产生简单的锐化效果,无调节参数。

(3) 进一步锐化滤镜

进一步锐化滤镜可以产生强烈的锐化效果,用于提高对比度和清晰度。"进一步锐化"滤镜比"锐化"滤镜应用更强的锐化效果。应用"进一步锐化"滤镜可以获得执行多次"锐化"滤镜的效果。

其作用为产生比锐化滤镜更强的锐化效果,无调节参数。

(4) 锐化边缘滤镜

锐化边缘滤镜只锐化图像的边缘,同时保留总体的平滑度。使用此滤镜在不指定数量的情况下锐化边缘。

其作用与锐化滤镜的效果相同,但它只是锐化图像的边缘,无调节参数。

（5）智能锐化滤镜

由于"USM 锐化"滤镜是通过增强图像边缘的对比度来锐化图像，锐化值越大越容易产生黑边和白边，而"进一步锐化"、"锐化"和"边缘锐化"滤镜是软件自行设置默认值来锐化图像的，结果无法控制，越锐化产生的颗粒就越明显。"智能锐化"滤镜具有"USM 锐化"滤镜所没有的锐化控制功能，可以设置锐化算法，或控制在阴影和高光区域中的锐化量，而且能避免色晕等问题。

智能锐化滤镜相对于其他锐化滤镜，可调剂的选项更多更方便些，并且更柔和些。

## 四、任务实施

1. 将模糊的图像（图 7-4-1）处理清晰，效果如图 7-4-2 所示。

图 7-4-1　"茶杯.jpg"素材图

图 7-4-2　效果参考图

图像的模糊属于跑焦模糊，即由于拍摄设备的焦距不准，背景与前景的物体对比比较强，适合用"锐化"方式，使图像变得清晰。具体步骤如下：

（1）在 Photoshop 软件中打开"茶杯.jpg"素材图（如图 7-4-1 所示），将背景层进行复制，方法：在图层面板选定背景图层，拖动至新建图层按钮，即产生"背景 拷贝"图层，以下对图像的操作调整均是在此层进行，避免会影响到原图像。

（2）选择"滤镜"菜单下的"锐化—USM 锐化"命令，出现"USM 锐化"命令对话框。如图 7-4-3、7-4-4 所示。

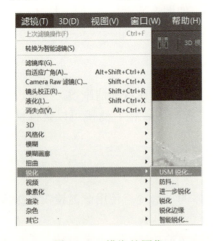
图 7-4-3　模糊的图像

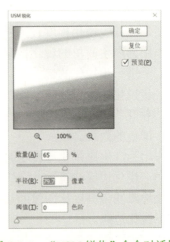
图 7-4-4　"USM 锐化"命令对话框

"USM 锐化"通过增加图像边缘的对比度来锐化图像。"USM 锐化"不检测图像中的边缘。相反,它会按您指定的阈值找到值与周围像素不同的像素。然后,它将按指定的量增强邻近像素的对比度。因此,对于邻近像素,较亮的像素将变得更亮,而较暗的像素将变得更暗。应用到图像的锐化程度通常取决于个人的喜好。但是,如果对图像进行过度锐化,则会在边缘周围产生光晕效果。

在预览窗口中单击图像,并按住鼠标查看图像在未锐化时的外观。在预览窗口中拖动,查看图像的不同部分,然后单击 + 号或 – 号放大或缩小。尽管在"USM 锐化"对话框中有一个预览窗口,但最好移动该对话框,以便可以在文档窗口中预览该滤镜的效果。

拖动"半径"滑块或输入一个值,确定边缘像素周围影响锐化的像素数目。半径值越大,边缘效果的范围越广,而边缘效果的范围越广,锐化也就越明显。"半径"值随主体、最终复制品的大小以及输出方法的不同而不同。对于高分辨率图像,通常建议使用 1 和 2 之间的"半径"值。较低的数值仅锐化边缘像素,较高的数值则锐化范围更宽的像素。这种效果在打印时没有在屏幕上时明显,因为 2 像素的半径在高分辨率输出图像中表示更小的区域。

拖动"数量"滑块或输入一个值,确定增加像素对比度的数量。对于高分辨率的打印图像,建议使用 150% 和 200% 之间的数量。

拖动"阈值"滑块或输入一个值,确定锐化的像素必须与周围区域相差多少,才被滤镜看作边缘像素并被锐化。例如,如果阈值为 4,则会按 0 到 255 的比例影响色调值差异为 4 或更多的所有像素。因此,如果相邻像素的色调值为 128 和 129,它们将会不受到影响。为了避免带入杂色或出现海报化效果(举例来说,在色调较饱和的图像中),请使用边缘蒙版,或尝试用 2 和 20 之间的"阈值"值进行试验。默认的阈值 0 将锐化图像中的所有像素。

如果应用 USM 锐化使亮色出现过度饱和,请选取"编辑"→"渐隐 USM 锐化"并从"模式"菜单中选取"明度"。

(3)经过第二步,为照片清晰大致做了个基础。接着选择"图像"菜单下"模式-Lab 颜色"命令,在弹出的窗口中选择"不拼合"图层。如图 7-4-5、7-4-6 所示。

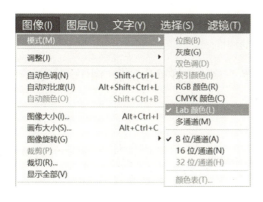

图 7-4-5 "Lab 颜色"命令

图 7-4-6 "不拼合"图层

(4) 在 Lab 模式下,再创建副本,如图 7-4-7 所示。

（5）在"通道"面板中看到图层通道上有了"明度"通道，选定这个通道，如图 7-4-8 所示；再使用"滤镜"菜单的"锐化—USM 锐化"命令，设置好锐化参数将这个通道锐化处理。目的在于加大色彩边界区域的对比来引起色彩变化。而其他的位置保持色调不变。

（6）返回到 Lab 混合通道，选定图层面板，把副本图层的叠加模式修改为"柔光"，调节透明度为 30%，如图 7-4-9 所示。

图 7-4-7　创建图层副本

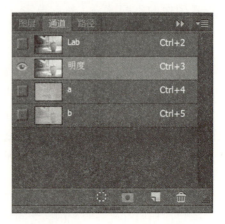
图 7-4-8　选定"明度"通道

图 7-4-9　调整透明度

（7）选择"图像"菜单下"模式-RGB 颜色"命令，在弹出的窗口中选择"拼合"图层确定。将最终效果进行保存。

### 五、思考与练习

1. 你认为当图像过于模糊用锐化命令能变得清晰吗？
2. 将图 7-4-10 模糊画面调整清晰。

第 7 章　图像处理技法——调色

图 7-4-10　调整照片清晰度

## 7.5　图像调色综合实训

| 教学目标 | 1. 理解盖印图层的作用并熟练运用；<br>2. 熟练掌握各种调色方法，能够调整出不同风格。 |
| --- | --- |

### 一、任务引入

数码图像经过软件的艺术化调色处理后，能够营造不同的艺术氛围，给消费者带来不同的视觉体验。比如图 7-5-1 所示韩式风格调色，给人时尚清新的感觉，图 7-5-2 所示怀旧风格调色，给人梦幻复古的感受。

图 7-5-1　韩式风格调色

189

图 7-5-2　中国风古典色调

## 二、任务分析

甜美清新可爱的画面风格深受很多年轻女孩子的热爱，这类风格的色调非常特别，调子也是清新明快，饱和度高，风格靓丽，充满童话色调。它的调色步骤也会繁琐一些。

## 三、相关知识

1. 照片风格

在数码相机内选择多种色调的功能被称作"照片风格"。以前的数码相机都只能通过对色彩饱和度和对比度等进行单独调节来决定成像风格，现在用户只需从相机提供的风格选项中选取一个就能得到自己想要的画面风格。

以佳能相机为例，其自动风格下，相机会自动分析拍摄场景，调整为适合的色调，特别是能够将蓝天、绿色和夕阳风光等拍得鲜艳；人像风格，这是能够表现女性和儿童肌肤色彩以及质感的照片风格，它能让肌肤看起来更柔滑，还能让肌肤呈现明亮的粉红色；风光风格，它是名符其实的适合拍摄风景的照片风格，锐度和对比度都比较高，能鲜明地将树木的绿色和天空的蓝色表现得很浓。即使是远景也能清晰呈现。

照片风格有很多种，可以从佳能公司的官方网站下载并进行追加。例如该网站提供"怀旧"、"清晰"、"黎明和黄昏"、"翠绿"以及"秋天色调"等多种照片风格免费下载。使用方法可参照网站上的使用说明，推荐大家根据不同的场景将其灵活运用。

2. 盖印图层

盖印图层就是在你将处理图片的时候将处理后的效果盖印到新的图层上，功能和合并图层差不多，不过比合并图层更好用！因为盖印是重新生成一个新的图层而一点都不会影响你之前所处理的图层，这样做的好处就是，如果你觉得之前处理的效果不太满意，你可以删除盖印图层，之前做效果的图层依然还在。极大程度上方便我们处理图片，也可以节省时间。

3. 调整图层

调整图层位于图层面板的下方：

在图像调整菜单中，有非常多的色彩调整工具，如 7-5-4 所示。由于使用这些命令对图像进行调整的时候，图像会实际上进行改变，使用"调整图层"就不会改变原图了，可更加方便使用或试验各种效果。调整图层可针对全局调整，也可以借助选取和剪贴蒙版对局部进行调整。

图 7-5-3　"调整图层"按钮

图 7-5-4　色彩调整工具

## 四、任务实施

1. 将图片风格（图 7-5-5）调整为小清新风格色调，效果如图 7-5-6 所示。

图 7-5-5　"小女孩.jpg"素材图

图 7-5-6　效果参考图

（1）在 Photoshop 软件中打开"小女孩.jpg"素材图（如图 7-5-5 所示），在图层面板的下方点击调整图层面板，调出"渐变填充"命令。设置参数如图 7-5-7 所示。

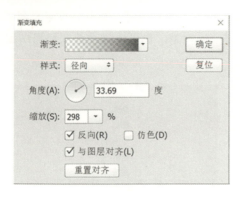 

图 7-5-7 "渐变填充"调整图层

（2）在图层面板的下方点击调整图层面板，调出"亮度对比度"命令，使图像亮一点。设置参数如图 7-5-8 所示。

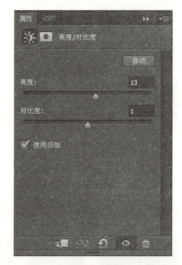

图 7-5-8 "亮度对比度"调整图层

（3）在图层面板的下方点击调整图层面板，调出"渐变填充"命令，使图像亮一点。设置参数如图 7-5-9 所示。

图 7-5-9 "渐变填充"调整图层

（4） 在图层面板的下方点击调整图层面板，调出"可选颜色"命令。设置参数如图 7-5-10 所示。

图 7-5-10 "可选颜色"调整图层

（5） 给图像添加"色彩平衡"调整图层，如图 7-5-11 所示。

图 7-5-11 "色彩平衡"调整图层

（6） 给图像添加"曲线"调整图层，如 7-5-12 所示。
（7） 给图像添加"颜色填充"调整图层，如图 7-5-13 所示。

图 7-5-12　"曲线"调整图层

图 7-5-13　"颜色填充"调整图层

（8）再次给图像添加"曲线"调整图层，如图 7-5-14 所示。

（9）给图像添加"可选颜色"调整图层两次，如图 7-5-15 所示。

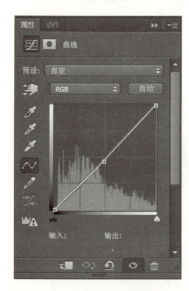

图 7-5-14　"曲线"调整图层

图 7-5-15　"可选颜色"调整图层两次

（10）最后给图像添加"曲线"调整图层。

## 五、思考与练习

1．请综合运用所学知识，制作糖水片效果（照片色彩饱和浓郁）。如图 7-5-16、7-5-17 所示。

图 7-5-16  原片

图 7-5-17  "糖水片"效果参考图

2. 请综合运用所学知识，制作小清新风格效果（画面通透自然）。如图 7-5-18、7-5-19 所示。

图 7-5-18  原片

图 7-5-19  "小清新风格"效果参考图

3. 请综合运用所学知识，制作青灰色时尚风格效果。如图 7-5-20、7-5-21 所示。

图 7-5-20  原片

图 7-5-21  "青灰色时尚风格"效果参考图

## 7.6 本章小结

本章学习了在 Photoshop 中如何调整图像亮度、如何处理图像偏色问题、如何让图像更鲜艳、如何让图像更清晰等内容，以及如何根据需要对图像进行综合的调色处理。

学习完本章之后，我们应该能够：（1） 掌握 Photoshop 中调整图像亮度相关的"亮度/对比度"、曲线、色阶等命令工具的使用；（2） 掌握 Photoshop 中调整图像色彩相关的色彩平衡、替换颜色等命令工具的使用；（3） 掌握 Photoshop 中调整图像清晰度、图像锐化等命令工具的使用；（4） 综合应用以上命令工具完成图像的调色修图任务。

图像调色是美工人员的基本工作任务，对一般的照片来讲，我们一般需要作如下调整，可以使照片增加感觉，使照片的色阶更正常；使图像的色彩更丰富、饱满、鲜艳；使环境和主体更加强化，该暖的暖起来，幻境能冷一些，达到充分的对比；然后对图像追加一步锐化等。我们需要不断练习，增加相关处理经验，以提高图像的处理效果。

# 第 8 章
# 图像处理技法——合成

在电子商务网店里,制作商品宣传海报和进行商品介绍时,我们往往需要将多张图片合成到一起,给买家一个完整集中的展示。如何将多张图像拼合在一起,并且避免图像在拼合的过程中,出现造型匹配、亮度匹配、色彩匹配、光线匹配等问题,下面我们将进行专门的介绍。

## 8.1 图像拼合处理

| 教学目标 | 1. 了解图像拼合处理的方法；<br>2. 理解图层的不透明度、蒙版、混合模式的概念；<br>3. 利用所学知识，掌握对不同的图像进行拼合。 |
|---|---|

 一、任务引入

图像合成简单来说即通过图层操作、工具应用将两张或者是两张以上的图片合成为一张完整的，实现某种特殊效果的图像，如图 8-1-1、8-1-2 所示。Photoshop 是进行图像处理的主流软件，它可以方便快速地对数字图像进行编辑，其应用领域也渗透到日常生活的各行各业。

图 8-1-1　素材图　　　　　　　　　　图 8-1-2　图像拼合示意图

 二、任务分析

Photoshop 的合成功能在图像处理中占有非常重要的地位。合成并不是将多个图像进行简单拼凑，而是把一张图片中需要的部分选择出来后，使用移动工具将其移动到另一张图片上，通过位置、大小、色彩、混合模式等方面的调整后得到新的设计作品，从而达到化腐朽为神奇或锦上添花的效果。

 三、相关知识

1. Photoshop 中关于图像拼合的相关术语和工具

（1）图层的不透明度

在进行图像处理的过程中，有时候需要将几张图片合并在一起，这时候我们可以利用设置图层的"不透明度"属性,来改变图层的透明度。当图层的"不透明度"数值设置为小于 100%时,就可以隐约地看到下方的图层中的图像,当图层的"不透明度"数值设置为 100%时,当前的图层就会完全遮盖住下方的图层。在进行图像处理的时候,通过改变图层的"不透明度"数值,可以改变图像的整体效果。

(2) 图层蒙版

图层蒙版可以理解为在当前图层上面覆盖一层玻璃片,这种玻璃片有:透明的、半透明的、完全不透明的。然后用各种绘图工具在蒙版上(即玻璃片上)涂色(只能涂黑白灰色),涂黑色的地方蒙版变为完全不透明的,看不见当前图层的图像。涂白色则使涂色部分变为透明的,可看到当前图层上的图像,涂灰色使蒙版变为半透明,透明的程度由涂色的灰度深浅决定。

(3) 图层混合模式

在 Photoshop 中,混合模式是非常重要的,几乎每一种绘画和编辑调整工具都包含有混合模式选项。如果可以正确、灵活地运用混合模式,通常能够处理出丰富的图像效果。

(4) 选区的灵活运用

无论用什么方式制作选区,操作时最好将图片放大,以便清楚地查看细节,制作精细的选区;在使用"魔棒"工具时,注意"容差"不要太大,过大可能会选上一些不该选取的部分。如果选上不该选取的部分,可以按住"Alt"键,用"工具面板"上的"索套"工具取消这部分选择。

2. 图像拼合过程中应注意的相关匹配问题

(1) 造型匹配

不同画面元素合成到一起,大小设计,位置摆放,以及合成到画面中对其他元素的影响。

(2) 亮度匹配

具备同样质感的物体在同样的受光环境中呈现相同的漫反射状态。在 Photoshop 中可使用曲线、色阶、亮度对比度等工具进行调整。

(3) 色彩匹配

色彩的差异主要由受光环境的不同或不同的后期调整造成。在 Photoshop 中前者差异可以通过调色工具中的曲线、色阶、色彩平衡、色相饱和度、照片滤镜甚至混合模式来实现,而后者差异需要设计师有非常强的观察和实现能力。

(4) 光线匹配

由于受光的不同,前景和背景呈现不同的明暗和阴影。这些在 Photoshop 后期处理中是最难修改的。我们无法改变物体的受光位置,只能旋转或扭曲物体模拟一致光线。由于物体的属性不同,还可以分为:不透明、透明、透光而不透明(如葡萄、纸张等),不透明的物体有漫反射和镜面反射的分别,透明物体有折射和焦散的特性,多个物体之间还有环境色的影响,这些都是需要设计师去观察的。

(5) 画面质感匹配

不同设备拍摄的素材具备不同质感(比如胶片独特的颗粒感),相同的设备在不同的受光环境和 ISO 情况下也具备不同质感，完全相同的拍摄环境和摄影机参数也可能由于后期调整或压缩产生不同的质感，即使同一张图在亮部和暗部也具备不同质感。一般质感匹配原则是：高质量匹配低质量。

## 四、任务实施

1. 利用给定素材合成图像，效果如图 8-1-3 所示。

图 8-1-3　图像拼合示意图

（1）打开素材文件夹中的"大海.jpg"和"果汁.jpg"图片文件，如图 8-1-4、8-1-5 所示。

图 8-1-4　大海.jpg　　　　　　　　　　图 8-1-5　果汁.jpg

（2）将"果汁.jpg"拖放到"大海.jpg"素材中，并对其制作选区，如图 8-1-6 所示。制作选区时重点制作上半部分，投影部分可以略粗。

图 8-1-6　制作选区

（3）执行"选择"→"修改"→"羽化"命令，羽化半径为 1 像素，如图 8-1-7、8-1-8 所示。

图 8-1-7　羽化命令

图 8-1-8　羽化值设置

（4）给"果汁.jpg"图层添加蒙版，如图 8-1-9 所示；将前景色设置为黑色，选择工具箱中的画笔工具，设置硬度为 0，大小为 200 像素左右，在图层蒙版上对阴影部分进行融合涂抹，使其融入背景中，如图 8-1-10 所示。

图 8-1-9　添加蒙版

图 8-1-10　画笔参数

2. 合成产品细节展示图，效果如图 8-1-11 所示。

（1）打开素材文件夹中的"汽车.jpg"和"细节.jpg"图片文件，如图 8-1-12、8-1-13 所示。

图 8-1-11　效果图

  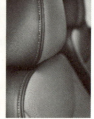

图 8-1-12　"汽车.jpg"素材图　　　　　　图 8-1-13　"细节.jpg"素材图

（2）将汽车图像设置为当前窗口，双击背景图层，将其转换为普通图层，如图 8-1-14 所示。新建一个图层，置于下方，如图 8-1-15 所示。

图 8-1-14　转换为普通图层　　　　　　　图 8-1-15　新建图层

（3）选择菜单中的"图像"→"画布大小"命令，定位点下拉留出上部，高度增加，如图 8-1-16、8-1-17 所示。

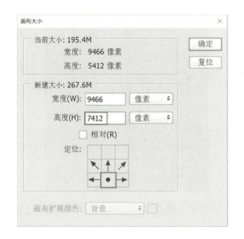

图 8-1-16 "画布大小"命令　　　　　　　　图 8-1-17 "画布大小"调整效果

（4）在拾色器中用吸管吸取靠近车顶的颜色，如图 8-1-18 所示；填充背景色为灰色，如图 8-1-19、8-1-20 所示。

图 8-1-18 "拾色器"对话框

图 8-1-19 填充灰色背景　　　　　　　　图 8-1-20 填充灰色背景效果

（5）给汽车图层添加图层蒙版，设置前景色为黑色，用画笔在蒙版上涂抹，如图 8-1-21、8-1-22 所示。

图 8-1-21　汽车图层添加图层蒙版

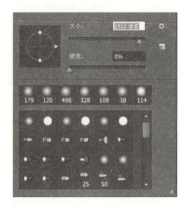

图 8-1-22　调整画笔参数

（6）两色融合的接缝处仔细处理，如图 8-1-23 所示。

图 8-1-23　接缝细节处理

（7）选择椭圆工具（如图 8-1-24 所示），按住 Alt+Shift 组合键的同时，按住鼠标左键在画面上绘制从中心绘制正圆形，设置浅灰色细描边，如图 8-1-25 所示。

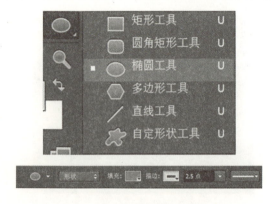

图 8-1-24　选择"椭圆工具"

图 8-1-25　绘制图形

(8) 将细节图拖进来分别置于圆形上方，如图 8-1-26 所示；排列图层顺序如图 8-1-27 所示。

图 8-1-26　置入"细节.jpg"素材

图 8-1-27　排列图层顺序

(9) 单击右键创建剪贴蒙版，如图 8-1-28 所示，或按住 Alt 键的同时光标置于两个图层中间，单击即可快捷创建剪贴蒙版，如图 8-1-29 所示。

图 8-1-28　"创建剪贴蒙版"命令

图 8-1-29　创建剪贴蒙版

(10) 剪贴蒙版后的效果，如图 8-1-30 所示。链接图层和剪贴蒙版，便于调整位置，如图 8-1-31 所示。

图 8-1-30　创建剪贴蒙版效果

图 8-1-31　链接图层

（11）将光效素材拖放进来，叠加在背景图层上（如图 8-1-32 所示），但不影响其他元素，最终效果如图 8-1-33 所示。

图 8-1-32　叠加光效素材

图 8-1-33　最终效果图

### 五、思考与练习

图像拼合处理时，不透明度的设置方式，对图像的最终结果有什么影响？

## 8.2　图文合成制作

| 教学目标 | 1. 了解图文合成的方法；<br>2. 理解图文合成时的注意事项；<br>3. 掌握不同图像和文字的合成方式方法。 |
| --- | --- |

## 一、任务引入

所谓合成，就是将在不同环境等不同条件下的多张图片、文字组成在一起，形成一张新的图片，同时，还可以将各个图片中的有用部分组合在一起。其实图文合成的方法不是很复杂，但是在制作的过程中要注意协调好合成图片的色调、光感、光照位置等，使得合成后的图片看上去可以更加的自然、和谐。

## 二、任务分析

文字的表达能力是图画永远无法代替的。而图画大多时候也很难把明确的主题表现出来，所以在图形里加入文字进行设计，并对文字的笔画做相应的调整，使之与图形完美地融合，这样能帮助人们理解插画与文章，这种设计方法更令人感动。作品中的文字成为"表现思想的工具"。文字加入图形中并不是对图形作品进行说明和解释，而是对作品的含义进行一些提示。

## 三、相关知识

在进行图文合成时，我们需要注意以下两点。

1. **整体画面的控制**

（1）文字装饰图片

当文字只是用来装饰图片的时候，首先我们需要确定图片为主体物，也就是说文字部分的面积绝对不能大于或者接近于主体物的面积；其次是需要确定视觉焦点的位置，当图片的主体物是分散并且毫无意义的，那么我们的视觉焦点默认在画面中心，当图片或者某一个场景或物品切割了整张画面时，视觉焦点只会出现在切割线上，默认是位于中心点或者色彩密集的地方。

（2）图片突出文字

当图片的存在是为了突出文字时，这个时候图片只是作为一个大色块存在的，但是当文字部分难以突出时，解决的办法就是运用文字与图片的配合了。

2. **文字本身的处理**

（1）色彩与亮度的对比

使用与文本有鲜明对比的图片很重要，尤其是深色背景搭配亮色文本，或者深色背景使用滤镜或叠加元素处理，是确保使用足够对比度的有效方式。

（2）尺寸与位置的对比

色彩不是唯一增强图片与上置文本对比度的方法。选择与图片聚焦元素有关的文本的尺寸与恰当位置不容置疑，如同文本本身的可读性一般。

（3）深度的可读性

可利用景深的图片是增强文本可读性的平滑背景。方法：将文本置于图片的散焦部分，并确保文本色彩与散焦位置的初色有合适的对比度。

（4）图片主题的选择

图像上的文本信息等效于图文组合里推断出来的内容。比如，如果有更特别的图片适合沟通就不要选择一般性的图片,特别是当它涉及到的旨在传达语气信息的副本。

（5）3D 意识

分析出现的文本相对于图像中的各种元素的聚焦程度。文本是在图像之后,还是图像之前?文本是融入其中,还是在远近空间有自己独特的位置?进一步分析,如何将文本关联到图像的聚焦元素?经验法则:文本越小,在远近空间上显得越远。

## 四、任务实施

实训项目:产品主图广告制作,效果如图 8-2-1 所示。

图 8-2-1　参考效果图

（1）打开素材文件夹中的"街景.jpg"和"皮鞋.jpg"文件,如图 8-2-2、8-2-3 所示。

图 8-2-2　"街景.jpg"素材图　　　　图 8-2-3　"皮鞋.jpg"素材图

（2）新建一个高度和宽度均为 800 像素,分辨率为 72 像素/英寸的图像文件,如图 8-2-4 所示;置入素材图,"皮鞋.jpg"素材需要经过"钢笔抠图→创建选区→选区转换为图层蒙版"的抠图步骤将皮鞋单独提取,然后,调整素材的位置、大小,初步合成效果如

图 8-2-5 所示。

图 8-2-4 新建文件

图 8-2-5 初步合成效果

（3）创建文字图层"STYLE"，如图 8-2-6 所示；新建空白图层，用画笔工具涂抹制作肌理素材，如图 8-2-7 所示；为文字图层制作剪贴蒙版，如图 8-2-8 所示。

图 8-2-6 创建文字图层"STYLE"

图 8-2-7 画笔工具制作素材

图 8-2-8 创建剪贴蒙版

（4）用同上的方法创建其他文字层并用剪贴蒙版制作文字效果，如图 8-2-9～图 8-2-14 所示。

图 8-2-9 画笔工具制作素材

图 8-2-10 文字图层"EFFORTS TO RUN"效果

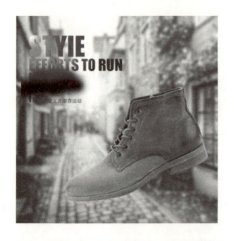

图 8-2-11 画笔工具制作素材

图 8-2-12 文字图层"轻复古"效果

图 8-2-13 不透明度的修改

图 8-2-14 文字图层"潮我看起"效果

（5）为皮鞋素材创建"自然饱和度"调整层剪贴蒙版，单独调整皮鞋素材的色彩，使之与背景色调融合更自然，如图 8-2-15 所示；新建空白图层，置于皮鞋素材图层之下，用画笔工具绘制皮鞋的投影，如图 8-2-16 所示。

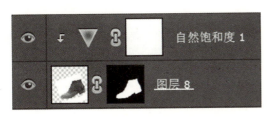 

图 8-2-15　"自然饱和度"调整层剪贴蒙版　　　　图 8-2-16　绘制皮鞋素材投影

（6）为街景素材图层添加空白图层蒙版，选中蒙版缩览图使其处于编辑状态，如图 8-2-17 所示。

图 8-2-17　空白图层蒙版

（7）选择"渐变工具"，在"渐变编辑器"对话框中设置黑色到透明渐变，如图 8-2-18 所示；鼠标从画面左上角向右下角创建渐变蒙版效果，使街景左上角处于半透明状态，营造光线朦胧的视觉效果，如图 8-2-19 所示。完成后保存图片即可。

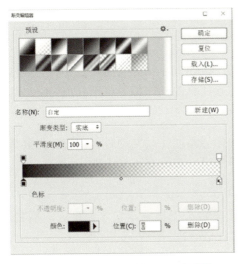 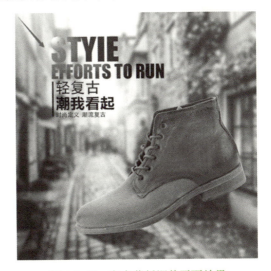

图 8-2-18　"渐变编辑器"对话框　　　　图 8-2-19　渐变蒙版调整画面效果

## 五、思考与练习

1. 在图文合成的过程中，都有哪些注意事项？

2. 利用之前所学的文字处理知识以及本节所讲的图文合成方法，制作名为"生日快乐"贺卡。

3. 根据本节所讲的实例，自行搜索需要用到的素材，设计制作名为"奇异果广告"的宣传海报。

## 8.3 图像合成综合实训

| 教学目标 | 通过综合实训，掌握文字与图像、图像与图像的合并。 |
|---|---|

### 一、任务引入

经过之前的学习，我们已经知道了图像合成是 Photoshop 软件的一个重要功能，它可以很轻松地将几张图片合成为一幅崭新的作品。本节主要是运用之前所学的知识，熟练地运用不同的图像合成方法，使大家能够综合地应用图像合成技术。

### 二、任务分析

在进行图像合成时，如何能够让图片与图片之间更加融合？如何能够让图片与文字之前协调美观？在之前的两节中，我们已经提到过了，那么本节中，主要是让大家利用之前所学的内容，综合运用起来，制作出更加协调、更加美观的图片。

### 三、相关知识

之前我们已经讲过了在合成图片时应该注意的一些地方，比如亮度、色彩、光线匹配等，但是还有另外一些部分是我们在合成时一样需要注意的，比如说以下几点。

1. 环境可能性

如果在真实的拍摄图片中添加一个东西进去，你会添加什么？这时，我们首先要考虑的是，将要添加进去的东西在这个环境里出现恰不恰当，有没有可能出现。

2. 位置的合理性

通常情况下，添加进去的东西最好是要有一个平台去支撑它，它才会稳定，不突兀。如桌面上的空白餐盘，在空的位置添加一些食物就比较合理。

3. 素材的优劣性

当我们确定好要添加的东西后，就要进行找素材的工作了，这个时候，我们需要确定，什么样的素材才便于使用呢？可以根据环境的具体尺寸来找素材图片，环境图不大的情况下，要找的素材也不能找得太夸张。环境图很大的情况下，也应该适当地增加素材图的尺寸。

## 4. 视角同步性

在对一张图片进行添加物品时，这时需要注意的是，原图的视觉角度是什么样的，那么我们要添加的物品的角度也应该一样，这样视角才会正确。

## 四、任务实施

实训项目：电商产品海报合成，效果如图 8-3-1 所示。

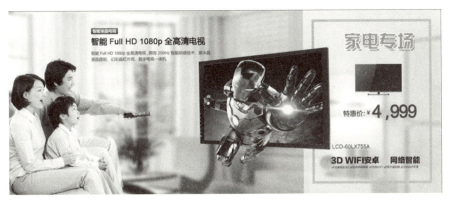

图 8-3-1　电商产品海报合成效果

（1）查看素材文件夹中本项目所用"人物.jpg"、"环境.jpg"、"电视.jpg"和"钢铁侠.jpg"素材图片，如图 8-3-2～图 8-3-5 所示。

图 8-3-2　"人物.jpg"素材图　　　　　　图 8-3-3　"环境.jpg"素材图

图 8-3-4　"电视.jpg" 素材图　　　　　　图 8-3-5　"钢铁侠.jpg"素材图

（2）新建名称为"产品海报"的文档，设置宽度为 1920 像素，高度为 800 像素，分辨率为 72 像素/英寸，颜色模式为 RGB，如图 8-3-6 所示。

图 8-3-6 "新建"对话框

（3）置入"环境.jpg"素材图，调整位置、大小并铺满整个画面，执行"滤镜"→"模糊"→"高斯模糊"命令，制作朦胧效果的海报背景，如图 8-3-7、8-3-8 所示。

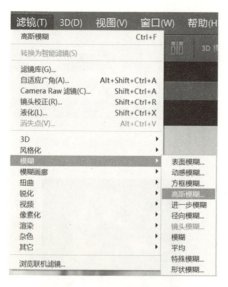 

图 8-3-7 "高斯模糊"命令　　　　图 8-3-8 "高斯模糊"对话框

（4）将"电视.jpg"素材图翻转，对电视屏幕创建选区（如图 8-3-9 所示），然后直接将选区移动海报图中，调整位置和大小，如图 8-3-10 所示。

图 8-3-9　创建选区

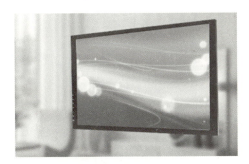
图 8-3-10　调整位置和大小

（5）用"多边形套索"工具制作电视机内屏选区并复制选区使内屏单独为图层，如图 8-3-11、8-3-12 所示。

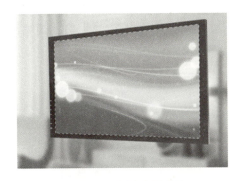
图 8-3-11　创建内屏选取

图 8-3-12

（6）将"钢铁侠.jpg"素材图翻转并移动到海报背景中，如图 8-3-13 所示，创建电视机内屏的剪贴蒙版，调整位置、大小至合适，如图 8-3-14 所示。

图 8-3-13　置入"钢铁侠.jpg"素材

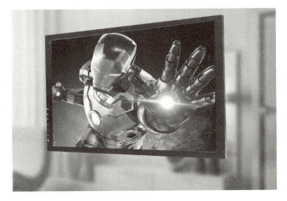
图 8-3-14　创建剪贴蒙版

（7）复制"钢铁侠.jpg"图层置于原图层之上，运用选区和图层蒙版技术制作钢铁侠跃出电视机的视觉效果（注意：两个图层必须保持一致），如图 8-3-15、8-3-16 所示。

图 8-3-15 创建图层蒙版

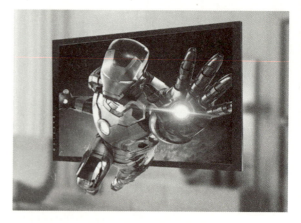

图 8-3-16 钢铁侠效果

（8）电视部分合成后可将这部分图层做链接或创建图层组，方便移动位置和缩放；如果在缩放的过程中看到有多余的部分，可直接在该图层的图层蒙版上，用黑色画笔涂抹使其隐藏，如图 8-3-17、8-3-18 所示。

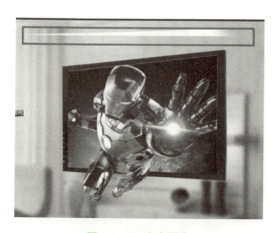

图 8-3-17 多余图像

图 8-3-18 使用图层蒙版隐藏多余图像

（9）将"人物.jpg"移动到产品海报文件中，运用调整边缘和图层蒙版技术抠出人物，按 Ctrl+T 组合键进行缩放，置于适当位置，如图 8-3-19 所示。

图 8-3-19 初步合成效果

（10）选择工具箱中的"矩形工具"，在海报右侧绘制白色矩形图层，设置图层不透明度为 60%，如图 8-3-20 所示；继续用矩形工具在白色图层上面绘制无填充色，浅灰色描边的矩形图层，效果如图 8-3-21 所示。注意：在绘制图形时记得勾选形状选项，这样绘制的图形方便修改，如图 8-3-22 所示，即得到如图 8-3-23 所示效果。

图 8-3-20　绘制矩形图层

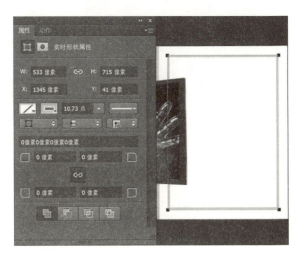

图 8-3-21　绘制灰色矩形框

图 8-3-22　勾选"形状"

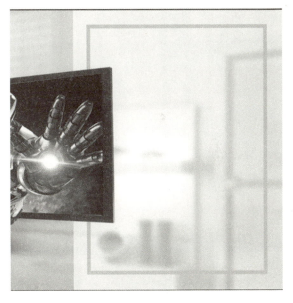

图 8-3-23　矩形区域效果

（11）制作文字标题。选择合适的字体（此案例用"迷你简综艺体"，）设置大小为 73 点左右，字间距 180 左右，字体颜色#a4906e，如图 8-3-24、8-3-25 所示。用文字工具输入"家电专场"，给字体添加图层样式，描边 3 像素，投影角度 126 度，距离 10 像素，不透明度 35%，如图 8-3-26、8-3-27 所示。

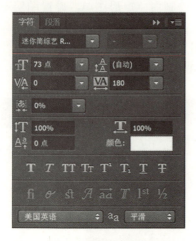 

图 8-3-24　字符面板　　　　　　　　图 8-3-25　字体颜色

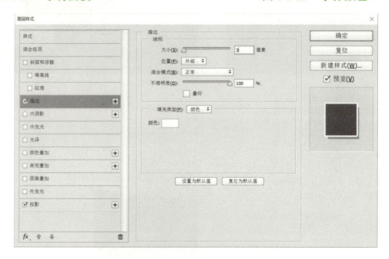

图 8-3-26　"描边"图层样式

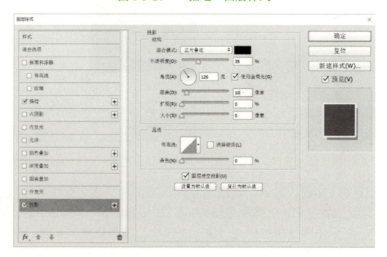

图 8-3-27　"投影"图层样式

（12）按照效果图 8-3-28 所示继续添加文字，参数设置可根据情况灵活调整，尽量保持文字排版版式与效果图一致。完成后保存即可。

图 8-3-28　最终效果图

## 五、思考与练习

1. 请简述，在进行图像合成时需要注意些什么？
2. 根据提供的素材图片（见图 8-3-30、8-3-31），合成如图 8-3-29 所示的效果。

图 8-3-29　合成效果图

图 8-3-30　素材 1

图 8-3-31　素材 2

## 8.4 本章小结

本章学习了在 Photoshop 中如何进行图像合成处理。

学习完本章之后,我们应该能够:(1) 掌握图层不透明度、调整图层、图层蒙版、图层混合模式的使用;(2) 掌握 Photoshop 中图像拼合处理的一般操作;(3) 熟悉图像拼合中图文排版和色彩搭配等处理。

Photoshop 的图像合成功能在图像处理中占有重要地位,制作广告海报、插画、壁纸等平面设计作品都运用到合成的功能。合成并不是简单的拼凑,它需要运用各种素材,通过组织、处理、修饰、融合,得到新的设计作品,从而达到化腐朽为神奇或锦上添花的效果,因此需要较高的艺术修养和 Photoshop 操作能力,需要我们在不断加强练习的同时,多看一些好的作品。

# 第 9 章

# 图像处理技法——特效

在现代电子商务网页图像制作过程中,对素材图像进行特效处理是非常重要的一个环节。其工作任务范围主要包括了人像美容和美体、图像艺术效果制作、文字特效制作、图像加边框和水印效果制作、3D 模型制作等。现在,就让我们一起,一步步学习,一点点积累,朝着电子商务网页图像制作高手的目标而努力奋斗吧!

## 9.1 人像美容和美体

| 教学目标 | 1. 掌握磨皮的基本方法；<br>2. 掌握瘦脸的基本方法。 |
|---|---|

### 一、任务引入

平面模特的形象美化在现代电子商务图像处理中是不可或缺的重要部分。人像处理有两个非常重要的技巧，一个是皮肤美化，另一个是体型美化，也就是我们俗称的磨皮和瘦身。这两种技巧常常反复被应用，特别是在需要处理较多人像素材的工作中。比如，服装饰品广告中对于模特脸部和身材的修正工作。

### 二、任务分析

在学习具体操作步骤之前，我们需要先了解磨皮术与瘦脸术的操作原理与用途。再按照任务实施中的步骤反复练习，就可以很快地掌握这两种技巧了。

### 三、相关知识

1. Photoshop 的磨皮

磨皮是指综合使用 Photoshop 的通道、滤镜、蒙版等工具进行后期处理，将人物面部的皱纹、色斑等瑕疵修饰掉，使人物的皮肤看上去更加细腻、美白，模特自身也显得更加年轻、漂亮。磨皮的方法有很多种，本书介绍的是其中一种较为简单、高效的方法。在实际工作中，如果有大量的人物照片需要进行磨皮处理，可以将本书介绍的方法录制为一个动作，并为该动作设置一个快捷键。这样每次只要按下快捷键就可以进行自动磨皮了。

2. 瘦身

瘦身是指使用 Photoshop 中的"液化"滤镜扭曲图像，对人物进行瘦脸、美体，使人物的脸部和身体部位变瘦，更加漂亮。

### 四、任务实施

1. 美化人物面部皮肤，制作前如图 9-1-1 所示，制作后效果如图 9-1-2 所示。

（1）按下 Ctrl+O 组合键打开素材图"磨皮.jpg"，如图 9-1-1 所示。

第 9 章 图像处理技法——特效

图 9-1-1 "磨皮.jpg"素材图

图 9-1-2 效果参考图

（2）打开"通道"面板，选中"蓝"通道，单击右键选择"复制通道"，或者左键拖住"蓝"通道放到通道面板底部的新建按钮上松开，得到"蓝拷贝 2"通道，如图 9-1-3 所示。

（3）执行"滤镜"→"其他"→"高反差保留"命令，如图 9-1-4 所示；将"半径"设置为 10 像素，如图 9-1-5 所示，即得到图 9-1-6 所示效果。

图 9-1-3 复制"蓝"通道

图 9-1-4 "高反差保留"命令

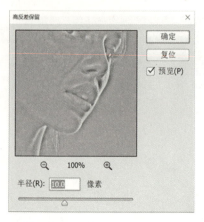

图 9-1-5 "高反差保留"参数

图 9-1-6 "高反差保留"效果

(4)执行"图像"→"计算"命令,在弹出的"计算"对话框中设置混合模式为"强光",结果为"新建通道",执行计算命令后会生成一个名称为"Alpha 1"的通道,如图9-1-7、9-1-8 所示,即得到图 9-1-9 所示效果。

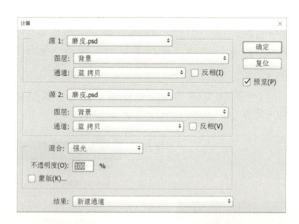

图 9-1-7 "计算"命令参数

图 9-1-8 生成 Alpha 1 通道

图 9-1-9 1 次"计算"命令效果

（5）对 Alpha 1 通道再次执行"图像"→"计算"命令，混合模式仍然为"强光"，结果为"新建通道"，执行计算命令后会生成一个名称为"Alpha 2"的通道，如图 9-1-10、9-1-11 所示，即得到图 9-1-12 所示效果。

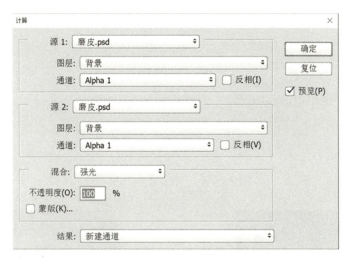

图 9-1-10　"计算"命令参数

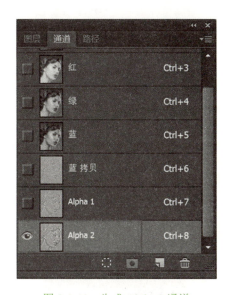

图 9-1-11　生成 Alpha 2 通道

图 9-1-12　2 次"计算"命令效果

（6）对 Alpha 2 通道再次执行"图像"→"计算"命令，混合模式仍然为"强光"，结果为"新建通道"，执行计算命令后会生成一个名称为"Alpha3"的通道，如图 9-1-13、9-1-14 所示，即得到图 9-1-15 所示效果。

图 9-1-13 "计算"命令参数

图 9-1-14 生成 Alpha 3 通道

图 9-1-15 3 次"计算"命令效果

（7）单击"通道"面板底部的"将通道变为选区"按钮 ，载入通道中的选区，如图 9-1-16 所示；执行"选择"→"反向"命令，将选区反选，再单击 RGB 通道将颜色恢复到正常模式，如图 9-1-17 所示。

图 9-1-16 载入通道中的选区

图 9-1-17 选区反选后返回 RGB 通道

（8）单击"图层"面板切换到图层模式，单击面板下方的"创建新的填充或调整图层"按钮 ，选择弹出菜单中的"曲线"命令，在"背景"图层上方创建"曲线"图层蒙版，如图 9-1-18 所示。

图 9-1-18　创建"曲线"图层蒙版

（9）在"属性"面板中适当地调整曲线的形状，如图 9-1-19 所示；得到最终效果如图 9-1-20 所示。

图 9-1-19　调整曲线的形状

图 9-1-20　磨皮最终效果

2. 模特照片"瘦脸"处理，制作前如图 9-1-21 所示，制作后效果如图 9-1-22 所示。

图 9-1-21　"瘦脸.jpg"素材图　　　　　　图 9-1-22　效果参考图

（1）按下 Ctrl+O 组合键打开"瘦脸.jpg"素材图，如图 9-1-21 所示；首先运用磨皮技巧将图像美化，如图 9-1-23 所示；之后按下 Ctrl + Alt + Shift + E 组合键，盖印图层得到调整后的图层 1，如图 9-1-24 所示。

图 9-1-23　人物磨皮美化　　　　　　　图 9-1-24　盖印图层

（2）执行"滤镜"→"液化"命令或按下 Shift + Ctrl + X 组合键，启动"液化"滤镜，如图 9-1-25 所示。

第 9 章　图像处理技法——特效

图 9-1-25　"液化"命令

（3）　在"液化"滤镜面板的左上方选择"向前变形工具" ，设置"画笔大小"为 200，"画笔压力"为 100，将鼠标定位在人物左侧脸部需要修正的部位，控制鼠标进行拖动调整，如图 9-1-26 所示。

图 9-1-26　液化调整

（4）　使用相同的方法适当修正右侧脸部，切忌过度修正，导致照片失真。调整合适后单击"确定"按钮应用并退出"液化"滤镜。

（5）　由于"液化"滤镜具有扭曲效果，如果图像的画布出现了空白，可利用填色、选区填充等方法进行填补。

229

### 五、思考与练习

1. 简述磨皮术的主要用途。
2. 简述瘦脸术的主要用途。
3. 请使用本章节学习的方法和技巧为自己的照片磨皮和瘦脸。

## 9.2 图像艺术效果制作

| 教学目标 | 1. 了解滤镜的主要功能和用途；<br>2. 掌握涂写效果边框的制作方法；<br>3. 掌握雪景效果的制作方法。 |
|---|---|

### 一、任务引入

在电子商务网页图像制作过程中，经常要为素材图像添加艺术效果，用来吸引用户的注意力，使用户能够长时间地停留在网页、网站上；抑或是为了提升网站、产品的档次和品质，提高用户的满意度。可以说，图像艺术效果制作是我们应当熟练掌握的一种技巧。本章中将会介绍两种简单实用的艺术效果制作方法：涂写效果边框制作和雪景效果制作。

### 二、任务分析

本章中介绍的图像艺术效果主要通过滤镜来实现。因此，我们首先要了解滤镜的主要功能和用途，再按照任务实施中的方法反复练习，就可以快速掌握了。

### 三、相关知识

1. 什么是滤镜？

滤镜是 Photoshop 的核心功能之一，通过使用滤镜我们可以在数字图像上实现各种各样的特殊效果，比如说添加人工雨景或雪景效果。早期的 Photoshop 滤镜主要是为了模仿照相机镜头前玻璃滤镜所实现的各种特殊效果。经过多年的发展与创新，现如今的 Photoshop 滤镜已经集成了非常强大的图像特效处理功能，很多效果甚至无法通过现实中的拍摄来实现。Photoshop 滤镜主要分为内置滤镜和外挂滤镜（也被称为第三方滤镜，需自行安装）。

滤镜的主要作用是用来实现图像的各种特殊效果，它在 Photoshop 中具有非常神奇的作用。其功能也非常强大，经常用来制作一些材质、光晕、火焰等特殊效果。用户可以将滤镜理解为一个加工"图像"的机器，图像经过它加工后，会产生各种奇妙的变化。有了滤镜，用户就可以轻易地创造出艺术性很强的专业图像效果。

滤镜功能主要有五个方面的作用，分别是优化印刷图像、优化 Web 图像、提高工作效率、增强创意效果和创建三维效果。理解滤镜的最好办法就是亲自逐个去尝试，在不断的实践中积累经验，这样才能恰到好处地运用滤镜，发挥出滤镜应有的作用。

2. 滤镜使用的注意事项

滤镜只能应用于当前图层或某一通道。

若在图层的某一区域应用滤镜，必须先选取该区域，然后对其进行处理。

所有滤镜都能应用于 RGB 图像，滤镜不能应用于位图模式、索引模式或 16 位通道图像，有个别滤镜对 CMYK 图像不起作用。

滤镜在计算过程中将占用相当大的内存资源，因此，在处理一些较大的图像文件时，将非常耗时，有时还可能会弹出对话框，提示系统资源不够。

对于文字图层或锁定像素区域的特殊图层是无法使用滤镜的。

3. Photoshop 滤镜分类作用概述

滤镜菜单如图 9-2-1 所示。

风格化滤镜能对图像像素作置换操作，使得像素之间在一定范围内产生错位，并增强像素的对比度，从而制作出不同风格和流派的艺术作品。

模糊滤镜通过将图像中所定义线条和阴影区域的硬边邻近的像素平均，产生平滑的过渡来生成模糊效果，对修复图像非常有用，能降低图像的对比度，降低局部细节的相对反差，使图像更柔和或变得模糊一些。

扭曲滤镜能对图像进行几何变形处理，改变图像的像素分布状态，生成 3 维或其他并行效果，产生移动位置、球面、波浪、扭曲的图像变形。

锐化滤镜能增强相邻像素间的对比度，使图像轮廓分明，产生清晰的效果，与模糊滤镜恰好相反。

图 9-2-1  Photoshop 中的滤镜菜单

视频滤镜属于 Photoshop 的外部接口程序，主要用来处理从摄影机输入的图像或是要输出到录像带上的图像。因为电视的扫描方式和电脑屏幕的显示方式是不同的，电视是隔行扫描，而电脑屏幕是逐行扫描，视频滤镜中的隔行扫描滤镜就是用来模拟电视屏幕的显示方式的。视频制作中有可能用到这个滤镜，比如在 Premiere 中插入的图片等。

像素化滤镜的作用是将图像分块进行分析处理，使图像分解成各种不同的色块单元。

渲染滤镜具有三维造型功能，能产生云彩、镜头光晕等效果。

杂色滤镜可以随机地给图像添加杂色点，也可以修饰图像中有杂色缺陷的区域，尤其是在图像的修复和修正方面的作用更为突出。

## 四、任务实施

1. 制作涂写效果边框，制作前如图 9-2-2 所示，完成后如图 9-2-3 所示。

（1）按下 Ctrl+O 组合键打开"涂写效果边框.jpg"素材文件，如图 9-2-2 所示。

图 9-2-2 "涂写效果边框.jpg"素材图

图 9-2-3 效果参考图

（2）单击"矩形选框工具"，在图像上创建一个选区，如图 9-2-4 所示；按下 Q 键进入快速蒙版编辑模式，如图 9-2-5 所示。

图 9-2-4 创建矩形选区

图 9-2-5 "快速蒙版"编辑模式

（3）执行"滤镜"→"滤镜库"命令，在"画笔描边"文件夹中选中"喷色描边"，如图 9-2-6、9-2-7 所示。

图 9-2-6 "滤镜库"命令

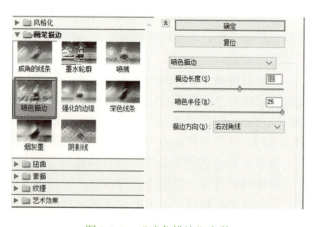
图 9-2-7 "喷色描边"参数

(4) 设置"描边长度"为 15,"喷色半径"为 23,单击"确定"按钮,如图 9-2-8 所示;按下 Q 键退出快速蒙版,得到一个选区,如图 9-2-9 所示。

图 9-2-8 "喷色描边"效果　　　　　　　　图 9-2-9 转换为选区

(5) 按住 Alt 键双击"背景"图层,将其解锁并转换为普通图层。
(6) 单击"添加图层蒙版"按钮　，将选区转化为蒙版,如图 9-2-10、9-2-11 所示。

图 9-2-10 将背景图层转换为普通图层　　　图 9-2-11 "图层蒙版"效果

(7) 打开"木板.jpg"素材文件,如图 9-2-12 所示,将图像移动到"图层 0"下方作为背景,如图 9-2-13 所示。完成后保存图片即可。

图 9-2-12 "木板.jpg"素材图　　　　　　图 9-2-13 木板背景

2. 制作雪景效果，制作前如图 9-2-14 所示，完成后如图 9-2-15 所示。

图 9-2-14　"雪山.jpg"素材图

图 9-2-15　效果参考图

（1）　按下 Ctrl+O 组合键打开"雪山.jpg"素材文件，如图 9-2-14 所示。

（2）　单击"创建新的填充或调整图层"按钮 ，在弹出菜单中选择"通道混合器"命令，在背景图层上添加一个"通道混合器 1"调整图层，如图 9-2-16、9-2-17 所示；勾选"属性"面板中的"单色"选项，将图像调整为黑白效果，如图 9-2-18、9-2-19 所示。

图 9-2-16　"通道混合器"命令

图 9-2-17　创建"通道混合器 1"调整图层

图 9-2-18　勾选"单色"选项

图 9-2-19　黑白效果

（3）单击"通道混合器 1"蒙版中的"图层蒙版缩览图"将其选中，选择"画笔工具"中的"硬圆边"画笔，大小为 125 像素左右，硬度为 100%，设置前景色为黑色，在图像中的山体部位处涂抹，将其恢复为彩色效果，如图 9-2-20 所示。

图 9-2-20  修改"通道混合器 1"蒙版

（4）单击"创建新图层"按钮，创建一个新的空白图层"图层 1"，使用"油漆桶工具"将其填充为黑色，如图 9-2-21 所示。

图 9-2-21  填充黑色

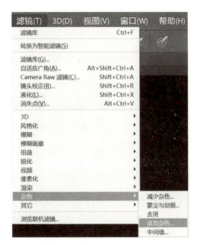

图 9-2-22  选中"通道混合器 1"

（5）执行"滤镜"→"杂色"→"添加杂色"命令（如图 9-2-22 所示），在弹出的"添加杂色"对话框中设置"数量"为 400%，在"分布"中选择"高斯分布"并在左下角处勾选"单色"选项，如图 9-2-23 所示，效果如图 9-2-24 所示。

图 9-2-23  "添加杂色"对话框

图 9-2-24  "添加杂色"效果

（6）执行"滤镜"→"模糊"→"高斯模糊"命令（如图 9-2-25 所示），设置"半径"为 1.5 像素左右，单击"确定"按钮对杂色点进行模糊处理，效果如图 9-2-26 所示。

图 9-2-25　设置"高斯模糊"

图 9-2-26　"高斯模糊"效果

（7）执行"图像"→"调整"→"阈值"命令，设置"阈值色阶"为 125 左右，生成随机分布的白色颗粒，如图 9-2-27 所示。

通过设置不同的"阈值色阶"值，我们可以控制"雪花"的大小和间距，从而获得"大雪"或"小雪"的不同效果。

（8）执行"滤镜"→"模糊"→"动感模糊"命令，设置"角度"为-82°，距离为 10 像素，生成雪花纷飞飘散的效果，如图 9-2-28 所示，效果如图 9-2-29 所示。

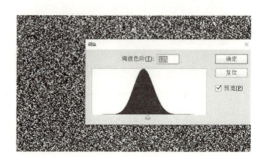

图 9-2-27　"阈值"对话框

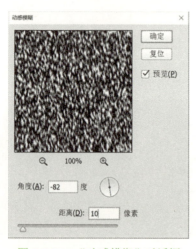

图 9-2-28　"动感模糊"对话框

图 9-2-29　"动感模糊"效果

（9）设置"图层 1"的图层混合模式为"滤色"，如图 9-2-30，完成最终的雪景效果，如图 9-2-31 所示。

图 9-2-30  设置图层混合模式为"滤色"

图 9-2-31  最终效果图

## 五、思考与练习

1. 请简述滤镜的主要用途。
2. 请为自己的生活照添加涂写效果边框。
3. 请为自己的生活照添加雪景效果。
4. 应用滤镜为图 9-2-32 所示素材图制作水中倒影，效果如图 9-2-33 所示。

图 9-2-32  素材图

图 9-2-33  水中倒影效果图

## 9.3 文字特效制作

| 教学目标 | 1. 掌握文字工具、图层样式和滤镜的综合运用技巧；<br>2. 掌握充气字的制作方法；<br>3. 掌握霓虹灯字的制作方法。 |
|---|---|

 **一、任务引入**

在电子商务网页图像制作过程中，常常会对文字进行一些特效处理，比如说为网站首页制作一组造型新颖、色彩丰富的特效文字，替换原有的单色图标。这样做的目的是为了让文字看起来不再单调乏味，让文字变得更加吸引人，使人们更容易记住它们。

 **二、任务分析**

要顺利完成本章节中的任务，需要学习者熟练掌握文字工具、图层样式和滤镜的综合运用方法。图层样式部分更多的方法和技巧请参阅本书第 4 章第 2 节的内容。文字工具和滤镜的使用方法将在任务实施中详细介绍。

 **三、相关知识**

**特效文字**

目前，特效文字被广泛地应用到了视觉传达设计的各个领域，在平面设计、网页图像制作中起到不可估量的作用。在 Photoshop 中，特效字的制作主要有内滤镜、通道、图层效果及工具综合应用完成，包括了质感文字特效、变形文字特效、立体文字特效、卡通文字特效等，有上千种之多，是当代设计师及网页美工人员的一项基本技能，大家在学习时可以多练习，融会贯通，举一反三。

 **四、任务实施**

**1. 制作"充气字"**

（1）按下 Ctrl+N 组合键，在"新建"对话框中创建一个名称为"充气字"，"宽度"为 5 厘米，"高度"为 3 厘米，分辨率为 350 像素/英寸，颜色模式为 RGB 颜色模式的文档，如图 9-3-1 所示。

（2）选择横排文字工具 T，在"字符"面板中设置字体为

图 9-3-1 新建文档

"Cooper Black",大小为 18 点,其他参数设置如图 9-3-2 所示,创建文本"TEAMWORK",如图 9-3-3 所示。

图 9-3-2  字符面板　　　　　　　　　　　图 9-3-3  创建文本"TEAMWORK"

（3）双击文字所在图层,打开"图层样式"对话框,添加"斜面浮雕"效果,设置"阴影模式"的颜色为橙色（#fd7c1d）,如图 9-3-4 所示。

（4）单击左侧列表中的"等高线"效果并将其勾选,选择预设的"内凹"→"浅"等高线样式,如图 9-3-5 所示。

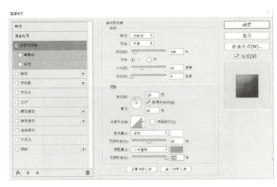 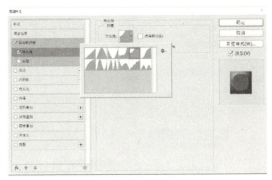

图 9-3-4  "斜面浮雕"样式　　　　　　　图 9-3-5  "等高线"样式

（5）单击左侧列表中的"颜色叠加"效果,将其颜色设置为橙色（#fd7c1d）,如图 9-3-6、9-3-7 所示。

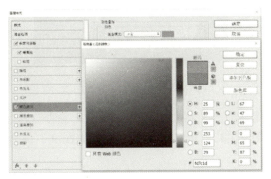 

图 9-3-6  "颜色叠加"样式　　　　　　　图 9-3-7  颜色叠加后效果

（6）单击左侧列表中的"描边"效果，设置描边颜色为"黑色"，位置为"外部"，其他参数设置如图 9-3-8 所示，效果如图 9-3-9 所示。

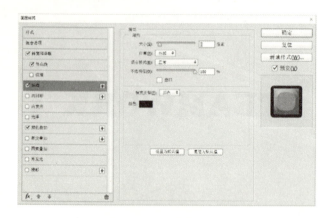

图 9-3-8　"描边"样式　　　　　　　　　　图 9-3-9　描边后效果

（7）将文字层"栅格化"，如图 9-3-10 和图 9-3-11 所示。

图 9-3-10　"栅格化文字"命令　　　　　　　图 9-3-11　栅格化文字图层

（8）执行"滤镜"→"扭曲"→"球面化"命令，将"栅格化"后的文字适当进行扭曲，使其呈现由内向外膨胀的艺术效果，如图 9-3-12、9-3-13 所示，效果如图 9-3-14 所示。

第 9 章　图像处理技法——特效

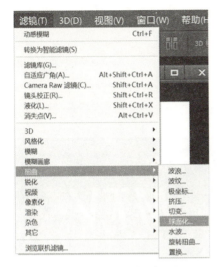

图 9-3-12 "球面化"命令

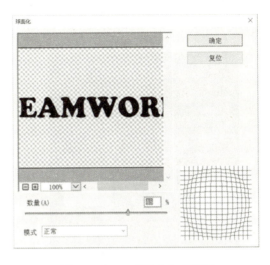

图 9-3-13 "球面化"对话框

图 9-3-14 "充气字"效果

2. 制作"霓虹灯字"

（1）按下 Ctrl+N 组合键，在"新建"对话框中创建一个名称为"霓虹灯字"，"宽度"为 30 厘米，"高度"为 20 厘米，分辨率为 72 像素/英寸，颜色模式为 RGB 颜色模式的文档，如图 9-3-15 所示；按下 D 键将前景色设置为黑色，按下 Alt + Delete 组合键，为"背景"图层填充黑色，如图 9-3-16 所示。

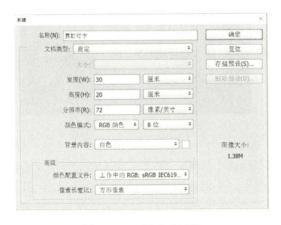

图 9-3-15 新建对话框

图 9-3-16 填充背景色为黑色

（2）选择横排文字工具 T ，在"字符"面板中设置字体为"黑体"，设置大小为

241

200 点,使用"仿斜体",其他参数设置如图 9-3-17 所示,创建文本"MTV",如图 9-3-18 所示。

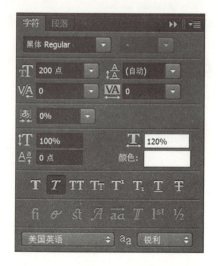

图 9-3-17 字符面板

图 9-3-18 创建文本"MTV"

（3） 再次选择横排文字工具 ，在"字符"面板中设置字体为"黑体",设置大小为 72 点,使用"仿斜体",其他参数设置如图 9-3-19 所示,创建文本"音乐盛宴"并移动到适当的位置,如图 9-3-20 所示。

图 9-3-19 字符面板

图 9-3-20 创建文本"音乐盛宴"

（4） 单击"图层"面板底部的"添加图层样式"按钮,选择"内发光"并打开"图层样式"对话框,将"混合模式"设置为"正常",不透明度为 100%,杂色为 2%,其他参数设置如图 9-3-21 所示。单击渐变编辑器 ,如图 9-3-22 所示调整渐变颜色。

第 9 章 图像处理技法——特效

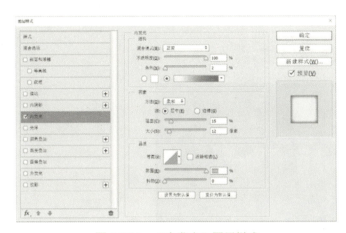

图 9-3-21 "内发光"图层样式

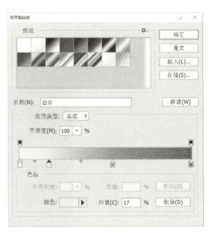

图 9-3-22 渐变编辑器

（5）勾选"图层样式"对话框左侧的"外发光"并将其选中，在右侧设置"混合模式"为"滤色"，不透明度为 55%，杂色为 0%，并将发光颜色设置为红色（R：255，G：72，B：0），其他参数设置如图 9-3-23 所示，效果如图 9-3-24 所示。

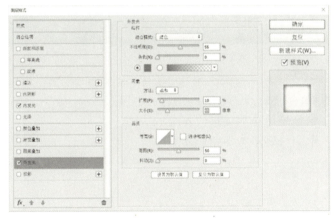

图 9-3-23 "外发光"图层样式

图 9-3-24 文字效果

（6）选中"MTV"文字图层，单击鼠标右键，在弹出的快捷菜单中选择"拷贝图层样式"，然后选中"音乐盛宴"文字图层，单击鼠标右键，在弹出的快捷菜单中选择"粘贴图层样式"；双击"音乐盛宴"文字图层，打开"图层混合模式"选项卡，重新设置"内发光"参数以适应较小的文字，最终效果如图 9-3-25 所示。

图 9-3-25 最终文字效果

 四、思考与练习

1. 请使用本章节中介绍的方法制作"乐果音乐"充气艺术字，文字和描边颜色可自定义。

243

2. 请使用本章节中介绍的方法制作"Sports 光动能"霓虹灯艺术字,渐变颜色可自定义。

3. 请根据所学知识尝试制作如图 9-3-26 的文字特效效果。

图 9-3-26  玻璃质感文字效果

## 9.4  图像加边框和水印效果

| 教学目标 | 1. 了解"动作"的用途;<br>2. 掌握使用"动作"命令快速添加边框的方法;<br>3. 掌握使用"动作"命令快速添加水印的方法。 |
| --- | --- |

###  一、任务引入

在日常工作中,我们经常会使用 Photoshop 为大量素材图片添加同一种特效。比如说,网站前台的编辑人员每天都要为很多的照片添加水印或者网站 LOGO。如果每次都要重新制作水印,然后移动并摆放好位置,那么势必会造成时间上的浪费,工作效率也会受到影响。本章节中将会介绍一种方法,这种方法可以帮助我们避免重复的操作,达到节省时间、提高效率的目的。

###  二、任务分析

Photoshop 中的"动作"功能是帮助我们节省时间、快速完成任务的关键所在。在学习录制和使用"动作"前,我们需要先了解"动作"的基本概念和用途。之后,再按照任务实施中的步骤反复练习,就能很快掌握它的使用方法了。

###  三、相关知识

Photoshop 中的"动作"有何种用途?

第 9 章　图像处理技法——特效

　　Photoshop 中"动作"就像是一支录音笔，录音笔可以录下声音，以便日后重复地播放和收听。Photoshop 中的"动作"录制的不是声音，而是各种鼠标的操作。使用"动作"功能我们能够轻松地将重复性的、机械性的操作录制并保存下来，日后需要再次使用时能够快速地调用出来，为我们节省时间。

## 四、任务实施

　　1. 使用"动作"命令快速为照片添加边框。制作前如图 9-4-1 所示，完成后如图 9-4-2 所示。

图 9-4-1　"美女.jpg"素材图

图 9-4-2　"舞者.jpg"素材图

　　（1）打开素材文件"美女.jpg"（如图 9-4-1 所示），执行"窗口"→"动作"命令或按下 Alt + F9 组合键打开"动作"选项卡，如图 9-4-3 所示；在弹出的动作窗口中单击"创建新动作"按钮，创建一个名称为"批量加边框"的动作，点击"记录"开始录制动作，如图 9-4-4、9-4-5 所示。

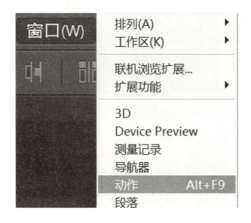

图 9-4-3　"动作"选项卡

图 9-4-4　"动作"窗口

245

（2）执行"图像"→"画布大小"命令，将"宽度"和"高度"分别设置为 110，以"百分比"为单位，画布扩展颜色为"黑色"，单击"确定"按钮，如图 9-4-6 所示；单击"动作"选项卡中的"停止播放/记录"按钮，停止录制。

图 9-4-5　"新建动作"对话框　　　　　　图 9-4-6　"画布大小"对话框

（3）打开素材文件"舞者.jpg"（如图 9-4-2 所示），执行"窗口"→"动作"命令或按下 Alt + F9 组合键打开"动作"选项卡；单击列表中刚刚制作完成的"批量加边框"动作并将其选中，单击下方的"播放选定的动作"按钮，执行"批量加边框"动作，最终效果如图 9-4-7、9-4-8 所示。

图 9-4-7　最终效果图 1　　　　　　　　图 9-4-8　最终效果图 2

2. 使用"动作"命令快速为照片添加水印。

（1）打开素材文件"樱桃.jpg"，执行"窗口"→"动作"命令或按下 Alt + F9 组合键打开"动作"选项卡；在弹出窗口中单击"创建新动作"按钮，创建一个名称为"批量加水印"的动作，点击"记录"开始录制动作，如图 9-4-9 所示。

图 9-4-9 "新建动作"对话框

（2）单击"横排文字工具"，在图像上拖动鼠标创建一个文字图层，输入文字"AAA 鲜果  AAA 鲜果"，设置字体为 Arial，大小为 18 点，其他参数设置如图 9-4-10 所示；双击文字图层，在其外部添加大小为 6 的黑色描边，并将该字放到适当的位置，如图 9-4-11 所示。

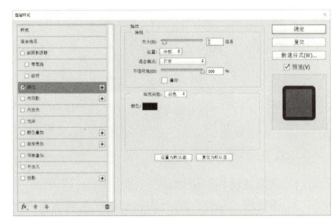

图 9-4-10 "字符"面板　　　　　　图 9-4-11 "图层样式"对话框

（3）选中文字图层，将不透明度设置为 25%，如图 9-4-12 所示，效果如图 9-4-13 所示；单击"动作"选项卡中的"停止播放/记录"按钮，停止录制。

图 9-4-12 设置不透明度　　　　　　图 9-4-13 水印效果

（4）打开素材文件"蓝莓.jpg"，执行"窗口"→"动作"命令或按下 Alt + F9 组合键打开"动作"选项卡；单击列表中刚刚制作完成的"批量加水印"动作并将其选中，单击下方的"播放选定的动作"按钮，执行"批量加水印"动作，如图 9-4-14 所示；最终效果如图 9-4-15 所示。

图 9-4-14 "批量加水印"动作

图 9-4-15 水印效果

 五、思考与练习

1. 请简述动作的用途。
2. 请使用"动作"功能为自己、家人或朋友的照片添加边框和水印，要求在同一个动作中完成。

## 9.5 3D 模型制作

| 教学目标 | 1. 了解材质和纹理的概念；<br>2. 掌握材质贴图的基本原理；<br>3. 掌握制作 3D 易拉罐的基本方法。 |
| --- | --- |

 一、任务引入

Photoshop CC Extended 不仅为我们提供了强大的平面图形图像处理功能，而且还内置了丰富的三维立体图形图像处理功能。这些功能不仅可以用于艺术设计和广告制作，还可以用于网页网站设计等领域。接下来就让我们一起来学习使用 Photoshop 中的一些基本的 3D 功能。

# 第 9 章 图像处理技法——特效

## 二、任务分析

在学习具体的 3D 模型制作之前，我们需要了解材质、纹理和纹理贴图的含义和作用，掌握材质贴图的基本原理。这样，我们在练习时就能更高效地完成任务。

## 三、相关知识

### 1. 材质（Material）

材质简单来说就是物体表面的质地，也可以理解为物体表面的材料和质地的结合。比如说木质、石质、金属、塑料或者玻璃等等。

### 2. 纹理（Texture）

纹理是指物体表面上的花纹或线条，是物体上呈现的线形纹路。如图 9-5-1、9-5-2 所示的大理石纹理和皮革纹理。

### 3. 纹理贴图（Texture Mapping）

纹理贴图，又称材质贴图，是指把存储在计算机内存中的纹理包裹到 3D 渲染物体的表面的过程。纹理贴图为 3D 物体提供了丰富的细节，用非常简单的方式模拟出了复杂的外观。如图 9-5-3 所示。

图 9-5-1　大理石纹理　　　　图 9-5-2　皮革纹理　　　　图 9-5-3　贴图的3D球体模型

## 四、任务实施

使用 Photoshop 中的 3D 功能制作 3D 易拉罐。

（1）按下 Ctrl+O 组合键打开素材文件"饮料包装.jpg"，如图 9-5-4 所示。

图 9-5-4　"饮料包装.jpg"展开图

（2）选择要转换为 3D 易拉罐的背景图层，执行"3D"→"从图层新建网格"→"网格预设"→"汽水"命令，即可创建一个 3D 易拉罐，如图 9-5-5、9-5-6 所示。

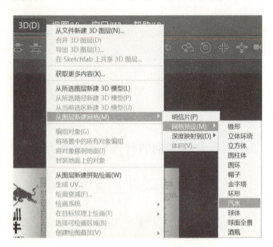

图 9-5-5 "网格预设"→"汽水"命令

图 9-5-6 3D 易拉罐效果

（3）完成后的 3D 易拉罐模型如图 9-5-7 所示。

### 五、思考与练习

1. 什么是纹理贴图，它有什么用途？
2. 请绘制一个易拉罐纹理贴图，并将其制作成 3D 易拉罐。

图 9-5-7 3D 易拉罐模型最终效果图

## 9.6 本章小结

本章学习了模特美容和美体、图像艺术效果制作、文字特效制作、图像加边框和水印效果，以及 3D 模型制作的基本方法。

学习完本章之后，我们应该能够：（1）掌握磨皮的基本方法；（2）掌握瘦脸的基本方法；（3）了解滤镜的主要功能和用途；（4）掌握涂写效果边框的制作方法；（5）掌握雪景效果的制作方法；（6）掌握文字工具、图层样式和滤镜的综合运用技巧；（7）掌握充气字的制作方法；（8）掌握霓虹灯字的制作方法；（9）了解"动作"的用途；（10）掌握使用"动作"命令快速添加边框的方法；（11）掌握使用"动作"命令快速添加水印的方法；（12）了解材质和纹理的概念；（13）掌握材质贴图的基本原理；（14）掌握制作 3D 易拉罐的基本方法。

由于本章涉及 Photoshop 中的文字工具、画笔工具、图层、蒙版、通道、滤镜、3D 建模等多种工具和技巧的综合运用，所以难度较高。学习过程中建议查阅其他章节相关的知识内容，以便加深理解。